U0295589

大飞机出版工程

水上飞机性能操稳特性的适航合格审定

揭裕文 张 彤 刘 勋 程志航 吴 彬 编著

上海交通大学出版社
SHANGHAI JIAO TONG UNIVERSITY PRESS

内容简介

本书根据作者在水上飞机设计、适航审定领域的研究成果和工程实践经验总结提炼而成，针对水上飞机的特殊设计和使用特点，系统阐述了水上飞机性能操稳特性的适航要求和验证方法。本书内容涵盖了水上飞机的设计和运行特点、水上飞机的安全事故案例和统计、水上飞机的相关标准和适航要求、水上飞机的适航符合性方法等。本书理论与实践相结合，包含水上飞机设计和适航审定中的实际案例，具有较强的实用性。

本书可作为从事水上飞机设计和适航审定的专业技术人员的参考资料。

图书在版编目(CIP)数据

水上飞机性能操稳特性的适航合格审定／揭裕文等编著.—上海：上海交通大学出版社,2021.7
ISBN 978-7-313-24025-5

Ⅰ.①水… Ⅱ.①揭… Ⅲ.①水上飞机-性能-适航性 Ⅳ.①V217.5

中国版本图书馆 CIP 数据核字(2021)第 077079 号

水上飞机性能操稳特性的适航合格审定
SHUISHANG FEIJI XINGNENG CAOWEN TEXING DE SHIHANG HEGE SHENDING

编　著：揭裕文　张　彤　刘　勋　程志航　吴　彬
出版发行：上海交通大学出版社　　　　　　　地　　址：上海市番禺路 951 号
邮政编码：200030　　　　　　　　　　　　　电　　话：021-64071208
印　　制：上海新艺印刷有限公司　　　　　　经　　销：全国新华书店
开　　本：710 mm×1000 mm　1/16　　　　　印　　张：15.5
字　　数：268 千字
版　　次：2021 年 7 月第 1 版　　　　　　　印　　次：2021 年 7 月第 1 次印刷
书　　号：ISBN 978-7-313-24025-5
定　　价：128.00 元

前　　言

　　水上飞机是指能在水面停泊、起飞和降落的飞机。水上飞机可用于灭火、水上救援等作业任务,是具有重要用途的特种飞行器。随着我国国民经济的发展,建设和完善国家航空应急救援体系的需求日益迫切。为了满足水上救援和森林灭火等应急救援任务的需要,急需发展具备相应功能的大型水上飞机。

　　适航审定是保障民用航空器能够持续安全运行的重要环节。对于申请型号合格证的飞机,需要确定相应的适航要求并在飞机设计中贯彻落实,并表明飞机设计对适航要求的符合性。水上飞机的设计和使用特点与陆上飞机有较大不同,其适航要求与适航符合性方法也有其特殊性。尤其是对于大型水上飞机,在其执行水面起降、投水汲水、空投救援等任务时具有独特的运行环境和动力学特性,目前中国民航适航规章 CCAR - 25 - R4 中的适航条款并不能完全涵盖其设计和使用特点,需提出额外的适航要求并确定相应的符合性方法。本书主要针对大型水上飞机与水面起降和特殊作业任务相关的性能操稳特性开展讨论。

　　目前国内正在进行多个型号的水上飞机的研制工作,对于水上飞机的适航审定也开展了大量探索、研究和实践。本书是从事水上飞机研制和适航审定的一线工程人员在总结前期水上飞机研制和适航审定经验的基础上编写而成的。全书共8章,第1章概述了水上飞机的设计和使用特点;第2章对水上飞机的安全事故进行了统计和分析,并介绍了适航审定及水上飞机适航审定的特点;第3章对水上飞机性能操稳特性的相关适用标准和适航规章条款进行了分析和解读;第4章针对水上飞机水面运行、投水灭火、空投救援的相关设计使用特点,提出了相应的额外特殊适航要求;第5章对水上飞机适航符合性验证的总体规划进行了分析,并介绍了计算分析方法、模型试验方法、试飞方法等三种主要符合性方法;第6章给出了水上飞机典型试飞科目的详细验证要求和实施方法;第7章介绍了水上飞机的试飞风险评估方法,并给出了典型试飞科目的风险评估示例;第8章针对水上飞机性能操稳的特定专题问题,讨论并给出了适航审定的关注要素和符合性验证考虑。

　　本书给出了大量的统计数据和实际案例,对水上飞机的适航评估与验证方法,尤其试飞方法的具体实施要求和流程进行了详细阐释。书中给出的特殊适航要求及其符合性方法基于典型机型的设计使用特点制订,在方法和流程上具有通用性。本书对于水上飞机的设计和适航审定工作具有参考价值,可供从事相应设计、适航审定以及运行的工程技术人员参考。

　　由于作者水平和时间受限,书中难免存在错误和不足,恳请读者批评指正。

编著者

目　　录

1 绪　　论

水上飞机是指能在水面起飞、降落和停泊的飞机,包括既能在水面起降又能在陆上跑道起降的水陆两用飞机。水上飞机需要在水面起降,同时需要考虑灭火、水上救援等特殊任务需求,因此水上飞机的设计特点与陆基飞机有较大不同。

航空发达国家在水上飞机的研制和使用方面有长时间的经验和积累。国外仍在服役的水上飞机或水陆两用飞机包括日本的 US - 1 和 US - 2 水陆两用飞机,俄罗斯的 Be - 200 水陆两用飞机,加拿大的 CL - 215 和 CL - 415 水陆两用飞机等。这些水上飞机在森林灭火、水上救援中发挥了重要作用。

我国水上飞机起步较晚,曾成功研制出大型水上飞机水轰 - 5,并在 20 世纪 80 年代交付部队使用。近年来,我国大力开展水上飞机的研制工作,目前在研的机型包括大型水陆两用飞机鲲龙 - 600,轻型水陆两用飞机海鸥 300 等。

1.1　水上飞机的设计特点

1.1.1　总体设计特点

水上飞机机身通常为单船身式大长宽比的细长机身,舷线以上为常规飞机机身外形,舷线以下为船体外形,采用单断阶"V"形船体。为抑制喷溅,在机身前段左右两侧设置抑波槽。也有将通用飞机改装为水上飞机的,如著名的赛斯纳"大篷车"飞机,保留了常规机身,将原先的起落架换装为浮筒。

为实现水面和陆地起降,水陆两用飞机通常采用前三点式起落架,主起落架布置在机身断阶后,向后收起至机身两侧的主起整流罩内。

机翼通常为悬臂式上单翼,为大展弦比梯形翼,为避免喷溅到尾翼上,一般将尾翼高置。图 1 - 1 为典型水陆两用飞机效果图。

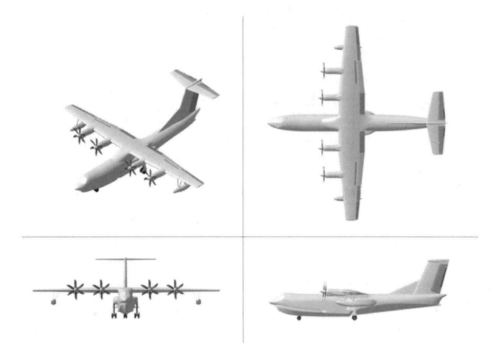

图 1-1　典型水陆两用飞机效果图

1.1.2　水上飞机的独特设计

1.1.2.1　高抗浪船体设计

针对水上飞机的运行特点,飞机的船体设计需要考虑如下水动力性能:

1) 静水力性能

静水力性能主要指飞机在水面漂浮的静水力性能,包括飞机静浮时的姿态、静稳定性、抗沉性和抗侧风能力。

2) 动稳定性及操纵性

飞机在水上起降或者水面滑行时应具备良好的动稳定性及操纵性,才能保证飞机能够在最恶劣条件下完成飞行任务。动稳定性包括纵向稳定性、横向稳定性、航向稳定性。

3) 快速性

水上飞机的快速性包括飞机的推进和阻力两个方面内容,水动方面应设计具有较小水动阻力的船体,保证飞机在一定的波浪增阻条件下能够起飞;此外,较好的快速性可减小水面滑行距离,降低水面起降条件要求。船体设计的阻力应尽可能小,使飞机具有良好的加速性能,顺利通过第一阻力峰,静水中通过阻力峰时剩余水平加速度应大于0.05g。

4）喷溅性能

飞机在起飞滑跑和降落过程中,喷溅水花不应影响飞行员视界及动力装置的正常工作,且不会造成飞机结构的损坏和不许可的永久变形。

5）抗浪能力

飞机应能够在预期运行的浪高条件下安全起降。

6）水载荷

飞机必须根据在使用条件的海况下正常运行时可能出现的任何姿态,对以相应的向前和下沉速度起飞以及着水过程中所产生的水载荷进行设计;必须在已知设计着水重量的各种运行重量下满足水载荷要求。

为了提高飞机的整机性能,减小飞机部件相互之间的不利影响,飞机机身与船体的设计需要充分考虑两者的相互影响。通过船体和机身综合设计以及水动试验(见图1-2),提高船体与机身的匹配性,提高飞机的抗浪能力和气动性能。

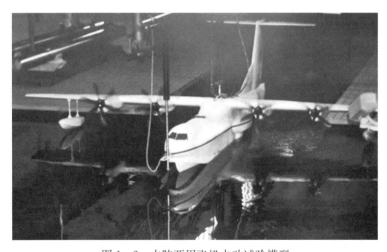

图1-2　水陆两用飞机水动试验模型

1.1.2.2　汲水、注水、投水机构设计

根据任务需要,飞机具有水上汲水、机场注水和投水的功能并设置相应的系统和执行机构。

1）投水舱门收放系统

飞机有多个水箱和投水舱门,且每1个投水舱门由1个收放作动筒控制收放。系统采用电磁阀实现投水舱门锁的开闭及投水舱门的收放控制。

2）汲水系统

汲水系统主要由摇臂、作动筒、支座、汲水管、汲水斗、转轴组成。

3）系统安装

飞机汲水斗收放作动筒通过连杆机构与汲水斗相连,汲水斗收放电磁阀及液压锁安装在汲水斗附近位置。投水舱门分别布置于前后水箱底部。

1.1.2.3　浮筒设计

考虑到飞机水动性能中横向稳定性的要求,飞机在机翼两侧分别吊挂一个浮筒。浮筒采用整流断阶,可以有效地减小浮筒气动阻力。

1.2　水上飞机的主要作业任务和运行特点

1.2.1　水上飞机主要作业任务分析

1.2.1.1　水上飞机的灭火作业

对于大规模灭火作业,尤其是森林灭火,需要地面灭火与飞机灭火协同配合才能发挥较好效果。飞机灭火的主要作用如下:

（1）飞机空中投水能够有效降低火强度,增加林内湿度,降低灭火队员与林火直接对抗的强度,避免发生人员伤亡事故。

（2）可直接控制火强度和蔓延速度:飞机投洒水或灭火剂于火线、火头上,以压低火势,降低火强度;或投洒在火头、火线的前方,阻止火场继续无止境地扩大,为地面扑火人员创造有利的扑火条件。

飞机灭火可实施单机灭火和机群灭火两种作业方式。研究表明,当火灾为一般火情,机场与火场距离在 100 km 以内,可用水源距离火场 10 km 内时,可采用单机灭火;当火势发展速度快,飞机出动时已超过一般火情,燃烧面积已达到 1 km² 以上,机场与火场距离在 100 km 以上,可用水源距离火场超过 20 km 时,应采用机群灭火较为有效。

接到森林灭火命令后,首先完成任务执行计划编制和飞行准备工作,按照飞行运行程序要求,飞机可在陆上机场直接起飞,也可经岸边下滑道,依靠自身的动力滑行下水,滑入水域主航道,滑行起飞升空,飞至指定的目标区域进行投水灭火,任务完成后返回机场,实施停放、系留和维修保养。

灭火作业时段有如下要求:由于火灾区域地形、火场烟雾和其他环境因素会引起能见度降低,可能威胁到飞行安全,因此确定飞机灭火的理想时段为日出后 30 min 至日落前 30 min,其他白昼的时段需进行灭火作业时,应在有限制的条件下进行。白昼根据全国各地区公布的各季节的日出时间确定,一般定义为日出前 30 min 到日落后 30 min 的时段,其余时段则定义为夜间。

图 1-3 为飞机灭火作业使用模式示意图。

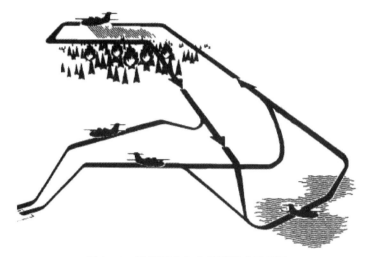

图 1-3　飞机灭火作业使用模式示意图

1.2.1.2　水上飞机的救援作业

1) 海上救援模式分析

在接到救援指令后,本机依据任务执行计划、飞机装载状态、救援任务需求配置必要的救援设备和用品,地勤和机组人员完成准备工作后,按照飞行运行程序要求飞往指定海域。到达目标上空,机上观察员通过目视并利用机载无线电、雷达、光电等搜索探测仪器设备,可进行多种形式的巡逻飞行,搜索目标海域海面,发现遇险人员或船舶;采用机载定向仪确定其方位、坐标,并向救援指挥部和飞行指挥部报告当地海域和遇险者情况;然后根据机载设备探测信息和救援现场所提供的当时当地海域的海况信息,经判断确认,报请飞行指挥部批准后,确定采用着水救援或空投救援模式进行救援。图 1-4 为救援作业示意图。

2) 搜索模式

在飞机开始救助前,应对救助的对象进行搜索,搜索区的大小是由被搜索目标的容量和耐久力决定的。搜索模式和搜索间隔根据搜索目标的特性和大小,以及当时情况下的天气状况决定。

针对不同的搜索对象,考虑天气因素、搜索区域、搜索位置、时间限制等因

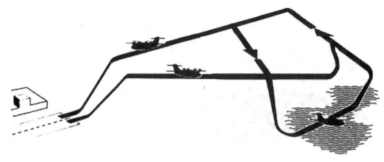

图 1-4 救援作业示意图

素,可采用以下搜索模式:

(1) 正方形扩充搜索模式:从遇险目标最可能处于的位置开始,以同心四方形扩展。当已知失事的飞机在海上迫降时的大概位置时,可采用此种搜索模式,搜索的飞行高度为 100~300 m,航空器搜寻应以 5 n mile 的半径为基准。

(2) 扇形搜索模式:扇形搜索模式用在已知被搜索的目标位置在某个范围内的情况下,搜索的区域不大,如人员落水或遇难者已经发现,然后又消失。

(3) 搜寻线模式:通常用于航空器或船舶已经失踪,且已知线路上未留下任务踪迹的时候,是沿着遇险船舶或航空器的计划航线进行迅速而彻底的搜寻的一种搜索方式。

(4) 船舶及飞机协调搜索模式:搜索时同时有船舶及飞机,现场搜索单位(船舶)沿着搜索区的主轴搜索,而飞机则配合着搜索。

3) 搜索确认

影响搜索能见度的因素有目标大小、目标颜色及外形、海况(在有白浪花泡沫带、开浪花、盐花以及阳光反射的海域,目标往往受其遮盖或隐蔽)、搜寻时间(白天或晚上)、太阳的位置(是否逆光)、瞭望者对搜索目标的认识和反应程度。

(1) 遇险船舶的确认:当船舶发生触礁、搁浅、倾覆等事故时,特别是客轮和渔船在海上航行发生此类事故时,船上的人员需要及时的救助,当飞机接到救助命令后,可采用上述搜索模式进行搜索,一般飞机可通过船上的通信设施与遇险船舶联系,确定其具体的方位。

(2) 对于落水人员的确认:发现落水人员后,应迅速确定位置,降低飞行高度进行确认,最低飞行高度为 50 m。如果落水人员携带有海水染色标志器,则可在 300~600 m 高度飞行确认;如果遇险人员在救生筏上,但没有海水染色标志器或其他信号设备,则最低飞行高度为 250～500 m;如果遇险人员携带有信号装置或雷达发射器,则最低飞行高度为 300～900 m。确认后,将落水人员位置、海区情况、人员情况等报告给指挥中心,并围绕目标盘旋飞行,保持接触状态。如果附近海域有营救力量(其他航行船只),则应向其指示位置,进行引导。如果确认海况和天气情况符合飞机着水救援的条件,则根据飞机的飞行情况,可实施着水救援。如果因风浪过大无法着水,则可实施空投救援。

4) 着水救援

如果海况条件符合飞机的着水要求,则飞机可直接降落在遇险人员侧方500～600 m 处,小速度滑行至遇险人员迎风方向 100～150 m 处逆水停机,如图1-5 所示。救援人员利用专用机载装置将机动救生艇等救生设备放置于水面上,迅速靠近遇险人员。当靠近水面上的单个人员时,按如图 1-6 所示方向接近遇险人员;当水面上散落有多人时,按如图 1-7 所示方向接近遇险人员。将遇险人员直接救助上机,在进行必要的紧急处置后,就近送往医疗机构救治。

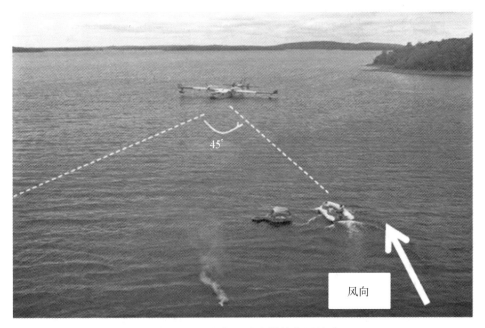

图 1-5 飞机与遇险人员的位置关系

着水救援有以下三种实施方案:

(1) 在飞机降落于海面后,救援人员利用专用机载装置将机动救生艇等救生设备放置于海面上,机动救生艇向机尾方向离机并迅速靠近遇险人员,将遇险

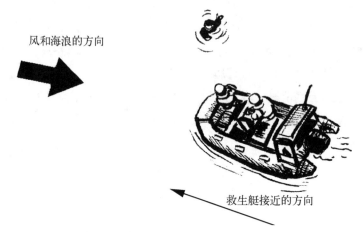

风和海浪的方向

救生艇接近的方向

图1-6　救生艇救助单个遇险人员示意图

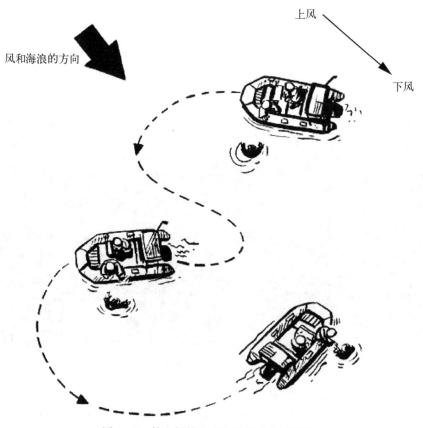

上风

风和海浪的方向

下风

图1-7　救生艇救助多个遇险人员示意图

人员直接救上救生艇；再由救援人员驾艇驶至飞机舱门边，通过机载救援装置（如救护软梯或专门的上下平台机构）将遇险人员搀扶或用担架送入通舱。

（2）将飞机移动到遇险人员附近，由救援人员（配穿救生衣）入海救捞，将遇险人员拉到舱门边，通过机载救援装置将遇险人员搀扶或用担架送入通舱。

（3）救援人员使用抛绳器，将救生绳抛射给遇险人员，再将遇险人员拉到救援舱门边，救援人员通过机载救援装置将遇险人员搀扶或用担架送入通舱。

在整个救援过程中，机组人员应随时向救援指挥部和飞行指挥部报告救援实情，并适时保持通信联系。图 1-8 为典型着水救援作业任务剖面。

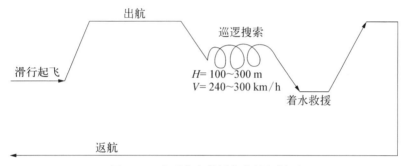

图 1-8　典型着水救援作业任务剖面

5）空投救援模式

若因海面风浪太大，超出飞机水面起降能力，则飞机应在超低空飞行，使用机上空投系统向遇险船只或遇险人员投送救生物品（设备、药品、食物和水等），增加遇险者获救的机会，以便采取其他措施救助遇险人员。

海上空投救援的目标主要是遇险船只和遇险人员。为了提高空投的准确性，减小空投误差，空投前可在 100～150 m 高度处投下烟雾发生器，确定风速、风向并标识目标位置。空投时应采取低空（50～100 m）、低速（230～250 km/h）飞行。根据空投目标的漂移速率，确定空投时机。救生物品应投在遇险人员易打捞的位置。对遇险船只空投时，救生物品投在船只前方的一段安全距离处；对遇险人员空投时，应将救生物品投在其侧方上风头处。一般采用逆风进入空投。

当需要投放的救生物品较多时，要采取分批空投的方法。空投后，在目标上空盘旋飞行，观察空投效果。图 1-9 为典型空投救援任务剖面。

6）其他救助形式

（1）行驶船舶发生火灾或爆炸时的救援。

a. 人员救助。对于此类船舶航行中发生的火灾或爆炸，以人员救助为主。

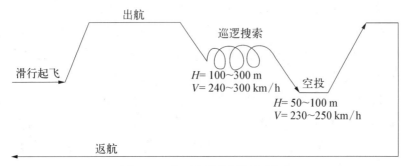

图 1-9　典型空投救援任务剖面

救援飞机应停靠在发生失事船只的一侧远处，放下救生艇，救助落入水面的船员，待船上的火扑灭后，应注意搜救船上的船员。

b. 灭火救援。飞机在接到救援命令后可直接飞到附近海域，在汲满水后直接将水投到失火的船舶上，投水时应注意保护船上人员的安全。投水高度应视火灾的情况确定，海上由于风浪较大，船舶发生火灾时可能烟雾较大，投水高度推荐在 50 m 以上，投水速度保持在 230～250 km/h，采用齐投的方式。灭火时应注意火灾或爆炸对附近船舶和海洋环境产生的污染危害。

（2）医疗急救。

a. 当在较远的海域行驶的船舶上出现危急患者或重伤员，需要及时送往岸上的医院救治时，飞机可使用最大巡航速度，快速到达需要救助的船舶附近，如果海况好，适合飞机降落，则飞机可着水停泊在船舶附近，救援人员利用机载救生艇将患者或伤员从船上接到飞机上，并快速飞行到岸边的水上机场（或陆上机场）降落，通过岸边等候的救护车送往医院救治。

b. 当较偏远的岛屿上的居民出现危急病情，岛上医院无法医治，需要送到城市大型医院救治时，飞机可快速飞到岛屿附近水域，利用救生艇将患者接上飞机，如岛屿水域有适合停靠的简易水上机场，可将患者直接送上飞机。

1.2.2　水上飞机在水面起降的动力学和运动特征

水上飞机在水面起飞的过程与在地面跑道上起飞的过程具有完全不同的特点。飞机在水面起飞时受到静浮力、水动力和气动力的共同作用，并且这三个作用力随着飞行速度改变会发生巨大的变化。由水上飞机的自身特点所致，飞机在水面滑行姿态（纵倾角①）过大或者过小都会发生危险的纵摇运动，即水上飞

---

① 飞机的纵倾角是指飞机前体龙骨线在纵向平面内与平静水面的交角。

机的水面起飞过程存在一个稳定滑行范围,飞机进行水面加速起飞时,只有在此范围内,才能保证飞机能够安全离水起飞。同时,飞机在水面起飞时容易受到波浪和风的影响,尤其在比较恶劣的水面环境中起飞更容易发生纵摇,为减小飞机在水面上的颠簸,要求飞机在保证安全的前提下尽可能以最小的速度快速离水。

在操纵方面,水上飞机从水面和地面起飞的最大不同之处在于,飞机从地面起飞时有起落架支撑,在到达抬前轮速度之前,飞行员可通过操纵舵面控制飞机不抬头起飞,达到抬前轮速度后,飞行员拉杆起飞。而当飞机从水面起飞时,飞机所受到的作用力不断变化,使飞机的水面滑行姿态先增大后减小,出现明显的纵倾峰。在纵倾峰之前,飞行员应当拉杆以促使飞机尽快达到纵倾峰值;当飞机达到纵倾峰后,飞行员应适当顶杆使飞机尽快低头;当飞机开始低头时,飞机的姿态会随着速度增大不断减小,此时飞行员应注意飞机的运动状态。根据实际情况,通过操纵升降舵控制飞机的姿态,确保飞机在稳定范围内滑行,当飞机加速至气动力足以完全支撑飞机的重量时,飞机自然脱离水面。飞机离水之前,在确保安全的前提下,飞行员可以适当地带杆来帮助飞机离水起飞。此外,由于飞机离水速度一般较离地速度小,因此为了确保飞机在到达 10.7 m(35 ft)之前速度达到起飞安全速度,飞机在水面离水以后,需要加速一段时间后才能够拉杆爬升。

高速汲水是灭火型水上飞机特有的功能,当飞机从 15.2 m(50 ft)降落到水面,放下汲水斗汲水时,滑行水阻力大幅增加,重量也不断增加,导致飞机完成汲水任务并安全爬升至 10.7 m(35 ft)需要很长一段飞行距离。汲水距离是灭火型水上飞机的重要性能参数,也是选择汲水水域和保障飞行员安全进行汲水作业的重要数据,因此,汲水距离的确定要求与水上飞机正常水面起飞距离有差异。

1.3 典型的水上飞机介绍

1.3.1 US-1和US-2水陆两用飞机

US-1 和 US-2 是日本新明和公司为日本海上自卫队研制的水陆两用飞机。

US-1 为四发涡轮螺旋桨水陆两用飞机,主要用于海上救援。US-1 的研制工作从 1970 年 6 月启动,1974 年 10 月 16 日第一架原型机首飞,1975 年 3 月第一架 US-1 交付日本海上自卫队。到 1991 年,US-1 共计生产了 12 架。机上配备有医疗救生设备、有动力橡皮舟、空投型救生器具、浮标、浮灯、照明弹、救生筏、信号枪、救生索、浮桥、绞车、卫生设备、饮水箱、厨房、急救台、担架等设施。该机可直接把遇难者或患者救入机内，一次可搜救遇险人员 12 人。US-1平时还能用于客/货运输。该机不仅可在海上和江河湖泊中起降，而且可在普通陆地机场起降，用途十分广泛。

根据日本海上自卫队的要求，日本新明和公司于 1996 年开始对 US-1 进行全面改进，2004 年 4 月交付部队试飞。2007 年，日本海上自卫队正式将该机命名为 ShinMaywa US-2。改型后的飞机采用高频/甚高频/超高频和卫星通信系统、全球定位/惯性导航系统、目标搜索雷达和前视红外夜视装置及汤姆森/DASA 公司生产的海上霸王雷达，从而能够在恶劣天气条件下执行巡逻、救援和反潜等多种任务。目前，日本在山口县岩国水上航空基地部署有 8 架 US-2，被海上自卫队广泛用于海上巡逻、搜索救援、打击海盗和救助各类海难事故。据统计，从其原型机 US-1A 投入使用算起（2000 年），US-2 至今已出动了 900 余架次，成功救助了 1 000 多名遇险者。

1.3.2　Be-200 水陆两用飞机

Be-200 是俄罗斯别里耶夫设计局研制的水陆两用飞机，其基本型为灭火机。除了基本型，也设计生产了 Be-200 同系列的其他变形机型。运输机 Be-200T(Бе-200T)用于载货和客运（可运送 19 名乘客）。货仓装有滑行道和电动小吊车，可以保证在无机场专用设施的情况下装货和卸货。飞机适合集装箱和托盘运输。

客机 Be-210 可以运送 72 名乘客（座椅间距为 750 mm）。为保证客舱的舒适度，降低了载客量，并加设了头等舱、小型网吧，该设计由英国 AIM Aviation公司完成。该公司尽可能将用户的建议做成专业的可行方案，应客户要求，将Be-200LL(Бе-200PP)发动机换成了罗罗公司的 BR-715 发动机。

虽然研发 Be-200 的最主要目的是民用，但是也能满足别里耶夫设计局传统的军事采购。Be-200 也可以执行巡逻任务，主要是针对 200 n mile 以内的经济区域的事务。

巡逻型 Be-200P(Бе-200П)可以执行任务海域的船只搜寻救援任务，并可以完成被搜救船只的目标分类和坐标定位、目测探察违法捕捞、记录非法海洋捕捞信息、配合海防部门登上非法过境船只、扑灭火灾等任务。除此以外，飞机还可以监测污水、天气环境、辐射环境的情况，甚至可以进行冰面监测，参加石油泄漏的清理,运送人员、物资及少量的伞兵等。

飞行导航设施允许完成任务路线的自动飞行,可以确定位置、航向和水面目标航行速度。飞机配有雷达设备和侦察仪器,此外还有无线通信设备、功能强大的扬声系统,实现本机与其他飞机自动交换设备,与地面指挥中心交换设备。副翼下悬挂带侦察设备的箱子,可以携带红外瞄准设备、搜寻探照设备、救援箱和武器等。

为了提高航程和续航能力,在基础设计方案的基础上替换设备以增加燃料储备(水箱、加水排水系统等)。机组人员的数量取决于执行任务的需要,最多9人,包括2名飞行员。为了执行远程巡航,考虑设置机组人员休息室。

Be－200P(Бе－200П)可以完成循环任务,在一年的任何时间、一天的任何时间,任何纬度的普通和复杂地理条件下(包括北极),均可以在不足1 800 m的跑道上起降。Be－200P(Бе－200П)的制造将专业设备集中到飞机的底部,不会明显改变船体和机翼的结构。所以巡逻型水陆两用飞机可以在Be－200的生产线上完成。这个设计逐步发展成了巡逻、搜索救援水陆两用飞机Be－200PS(Бе－200ПС)。飞机配有电子搜救巡逻设备、救援设备(红外监测系统、搜救雷达、观察记录仪器、海警联络系统、机载自动推进浮动设备、救援工具)。机组人员包括2名飞行员、2名观察员、机上机械师和2名救援人员。

1.3.3　CL－215和CL－415水陆两用飞机

CL－215于1969年3月7日取得由加拿大运输局颁发的型号认证书,同年5月15日取得美国联邦航空管理局(FAA)型号合格证,1969年6月6日首次交付给法国两架飞机。从那以后共有112架飞机主要交付给了法国、西班牙、希腊、加拿大等国家。其他运营CL－215飞机的国家有意大利、南斯拉夫、委内瑞拉和泰国。

CL－215初步设计用于森林灭火,后又发展用于农业播种、农药喷洒。同时,通过改型可以用于港口巡逻、大洋上的救援搜索或充当客货运输机等。

CL－415水陆两用飞机基本型为灭火机,由有30多年运行经验的CL－215型两栖灭火飞机改进而来。灭火型飞机有2套操作系统,最小飞行组为2人。机身主舱内设有4个水箱,总容积为6 130 L。每个水箱后部下面有2个可收放汲水管,供飞机掠过水面时汲水,还有一个可单独打开的放水门。飞机在陆地机场起飞灭火时,可用机身两侧的加水软管加水。飞机还设有多个浓缩灭火剂贮箱和加水混合系统,并可选装与灭火水箱配套的喷雾设备,以利于大面积喷洒灭火剂和农药。

CL‐415MP 水陆两用飞机为多功能型,可以加装一系列任务功能设备,如机载监视雷达、红外前视仪(FLIR)、机载侧视雷达(SLAR)以及精确导航装置和功能强大的通信设备。安装了这些设备的 CL‐415MP 水陆两用飞机非常适合于执行远距离水上任务,例如营救,石油泄露应急处置,在支援船只到达前直接对海上可疑人员进行观察、调查和控制,水上拦截任务等。多功能型飞机除 2 名飞行员外,还设有 1 名随机工程师、1 名导航员和 2 名观察员。通过加装专用设备,还可改装成客运型和混合多用途型。客运型设有 30 个座椅,混合多用途型配有 11 个座椅的客舱、货舱和灭火设备。

2 水上飞机的适航与安全

适航是指航空器能在预期的环境中安全飞行(包括起飞和着陆)的固有品质,这种品质可以通过系统的设计和制造获得,并通过合适的维修而继续保持。为保障民用航空器的持续安全运行,必须在民用航空器的设计和运行各阶段进行相应的适航管理工作。本章首先介绍了水上飞机相关的事故案例和事故统计,并对造成事故的原因进行了分析总结;然后概述了适航审定的相关规章以及审定过程,对水上飞机适航审定的特点进行了分析和阐述。

2.1 水上飞机的安全事故

2.1.1 国内外水上飞机事故案例

2.1.1.1 国内水上飞机事故案例

2016 年 7 月 20 日中午,一架 9 座的赛斯纳 208B 水陆两用飞机在上海金山城市沙滩首航时发生事故,该事故造成 1 名飞行员和 4 名记者遇难。

飞机当时正在参加金山城市沙滩举办的"遇见金山幸福起航"水上飞机首航仪式。当天天气晴热,能见度很好,仅有微风。中午,两架水上飞机各搭载 8 名游客先后起飞,分别前往浙江嵊泗和舟山。在首架飞机正常起飞数十分钟后,第二架飞机从码头出发。飞机许可的起飞时间是 12 点 18 分,在起飞之前飞机一直在水面上转圈、滑行,并没有加速。飞机在 12 点 19 分左右开始加速起飞。飞机加速后突然发生一个大的左转,在试图起飞时撞到码头的引桥上。事故发生时机内共有 10 人,其中 1 名机长、1 名副驾驶,8 名乘客。

2.1.1.2 国外水上飞机事故案例

1) 日本水上飞机训练事故

2015 年 4 月 28 日下午 2 点 22 分左右,日本海上自卫队岩国航空基地第 71 航空队所属的水上飞机 US - 2,在日本高知县足摺岬灯塔东北海面约 35 km 的土佐湾附近进行训练时发生起飞事故,19 名机组人员乘救生艇逃出,被附近航行的邮轮救下,其中 4 人受到轻伤。据高知县海上保安厅以及海上自卫队称,事故飞机右侧发动机脱落,右浮筒折断。岩国航空基地称飞机在训练过程中遭遇了海浪袭击。

2) 加拿大北部一水上飞机坠毁

2015 年 8 月 25 日,一架水上飞机在加拿大北部一处林区失事,机上 6 人全部死亡。遇难者中包括 1 名来自法国的游客,4 名英国公民和 1 名飞行员。

3) 美国阿拉斯加一观光飞机坠毁

2015 年 6 月 26 日,美国阿拉斯加州的一架观光飞机在该州东南部撞上一处悬崖,机上 1 名飞行员和 8 名乘客全部死亡。出事飞机为一架德哈维兰 DHC-3T"水獭"水上飞机,坠毁地点位于距凯奇坎市东北约 40 km 的一片陡峭山区。

4) 俄罗斯一架水上飞机与直升机相撞

2015 年 8 月 8 日,俄罗斯一架私人水上飞机与一架小型直升机在一座水库上空相撞,造成两机共 9 人全部遇难。事故发生在当地时间 8 日晚 8 点 20 分左右,两架飞机在莫斯科州伊斯特拉水库上空相撞。水上飞机载有一家 5 口人,其中包括 2 名儿童;直升机上有 4 名乘客,包括 1 名婴儿。

2.1.2　水上飞机事故统计分析

2.1.2.1　事故基础数据

以水上飞机运行较多的加拿大为例,1976—1990 年,在加拿大发生过 1 432 起水上飞机事故,共有 452 人死于其中的 234 起水上飞机事故(见图 2-1)。

由于对水上飞机飞行员没有报告飞行小时数的要求,因此其事故率(每 10 万飞行小时的事故次数)未知。加拿大水上飞机数量占飞机总数的 19%,事故数占比 18%。然而,在加拿大大部分地区,水上飞机每年大约只有半年时间处于运行状态。显然,水上飞机的事故率是比较高的。遗憾的是,陆基和水上飞机每年的年度使用率并不知道。

那些经常装配浮筒使用的飞机,如派珀幼兽系列(J3、PA11、PA12、PA14、PA18、PA20、PA22)、赛斯纳-172、赛斯纳-180、赛斯纳-206、"海狸"(Beaver)和"水獭"(Otter)等,用浮筒时相比于用起落架时,发生的致命事故更多,这些飞机用起落架时有 10% 的事故是致命的,但是用浮筒时有 17% 的事故是致命的。

加拿大运输安全协会(TSB)主导对这 1 432 起水上飞机事故进行调查,以找

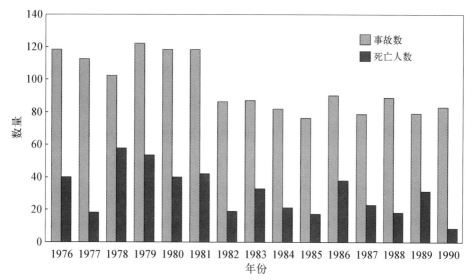

图 2-1　加拿大 1976—1990 年水上飞机事故统计

出可能存在的安全隐患,进一步研究水上飞机操纵问题。

全世界范围内的航空事故调查机构,包括 TSB 及其前身,都采用国际民用航空组织(ICAO)的事故数据报告(ADREP)系统进行数据分析。ADREP 对事故原因采用标准化的诱导因素分类。使用 ADREP 系统对加拿大水上飞机事故进行初步分析,结果表明诱导因素主要有飞行员的驾驶水平、熟练程度以及知识水平等,诸如"操纵不当""飞行区域选择不当""超出能力的操纵""飞行员中止起飞、保持控制、跟随程序等操纵失误"以及"决策不当"等关键词频繁出现。

在这 1 432 起事故中,有 359 起导致至少 1 人死亡或重伤,这 359 起事故即为严重事故。

2.1.2.2　事故飞行阶段

图 2-2 给出了调查时间范围内各个飞行阶段的事故分布。

从图中可以看到,水上飞机水面停留滑行、起飞和着水阶段事故数占比接近 80%,在严重事故中占比接近 60%,其水面运行的安全特性需要重点关注。

2.1.2.3　事故类型

1) 起动与滑行阶段

起动与滑行事故原因分布如图 2-3 所示。

在起动与滑行阶段,大部分事故发生源于失控、螺旋桨碰触、栽/翻倒以及碰撞。其中,严重事故 15 起源于螺旋桨碰触,3 起源于栽/翻倒,2 起源于失控。

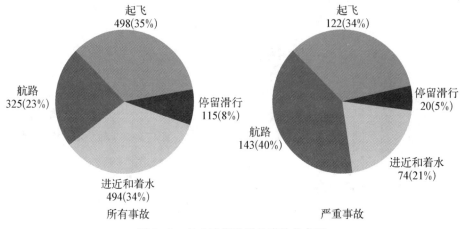

图2-2　各个飞行阶段的事故分布图

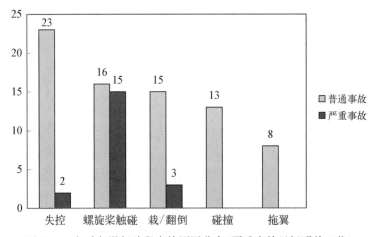

图2-3　起动与滑行阶段事故原因分布(严重事故只标明前三位)

案例:当某水上飞机发动机功率减小且混合杆推到关闭后,机上一名乘客从出口走去,并朝船走去,而船系在飞机上,导致乘客被螺旋桨吸入,最后遭遇致命头部伤。

2) 起飞阶段

起飞事故是发生在起飞开始与空中第一次功率减少之间的事故。从图2-4中可以看出,操纵失控是最常见的事故原因。

起飞阶段的严重事故更多的是由操纵失控(47起)、发动机失效(31起)、碰撞(16起)所引起。起飞期间水上失控和拖翼事故也频繁发生,但这很少导致严重或致命伤害。

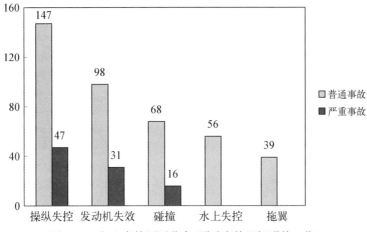

图 2-4 起飞事故原因分布(严重事故只标明前三位)

案例:某飞行员在湖里起飞后进行第一次左转弯时发动机失效,飞行员继续转弯以尝试在合适的水面着水。然而该机仍在高度约 45 m 处失速俯冲入水,随后的调查发现是由于燃料不足导致发动机失效。

3)进近和着陆/着水

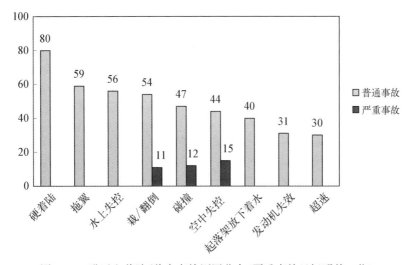

图 2-5 进近和着陆/着水事故原因分布(严重事故只标明前三位)

在进近和着陆/着水阶段,虽然最常见的事故类型是硬着陆,但是空中失控却导致了最多的严重事故(15 起);与障碍物相撞导致了 12 起严重事故;水面上栽/翻倒导致了 11 起严重事故(见图 2-5)。

案例:某水上飞机在一段平稳飞行后在轻微侧风下着水,飞行员报告左边机翼被风抬起,导致右浮筒倾入水且右机翼尖撞入水,最后飞机栽翻。

4) 总结

表2-1对常见事故原因进行了统计,航路阶段事故没有纳入。

表 2-1　常见事故原因统计表

事　故　类　型	数　量
失控(空中和水上)	315
发动机失效	130
碰撞	128
拖翼	106
栽/翻倒	84
硬着陆	83

下节对水上飞机事故的诱导因素进行了调查,尤其是那些与本研究密切相关的事故类型的诱导因素。例如,虽然螺旋桨撞击非常严重,但其很少发生,且不与飞行员知识、技巧或决策制订能力相关,除非飞行员没有对乘客进行足够的螺旋桨危险性提示。

2.1.2.4　诱导因素

表2-2给出了所调查期间发生的1 432起水上飞机事故中10个最主要的诱导因素,这些因素种类约占全部因素种类的1/3。

表 2-2　飞机事故的 10 个最主要的诱导因素

事　故　诱　导　因　素	数　量
不能获得/保持飞行速度	161
不恰当的空域选择	137
不恰当的风补偿	130
不利的风	118
不适当的着陆航迹	86
飞行前准备不充分	78
不按批准程序/规则飞行	77
超出能力范围的操纵	72
没看到或避免障碍物	56
镜水面	53

根据上面列出的最主要的诱导因素可以看出,发生事故的水上飞机飞行员缺乏必要的驾驶技巧、知识和安全操纵的能力。诱导因素"不能获得/保持飞行速度"

表明飞行员技术差、判断能力差、知识缺乏。诱导因素"不恰当的空域选择""飞行前准备不充分""不按批准程序/规则飞行"和"超出能力范围的操纵"表示飞行员判断能力的欠缺或训练不充分。诱导因素"不利的风""不恰当的风补偿""不恰当的着陆航迹""没看到或避免障碍物"和"镜水面"也与飞行员驾驶技术差有关。

这些缺陷还可从下面引发严重事故类型的最频繁诱导因素中看出来。

1) 起飞失控

(1) 起飞水面失控。

与起飞水面失控事故相关的主要诱导因素和数量如表 2-3 所示。

表 2-3 起飞水面失控事故的主要诱导因素

诱 导 因 素	数 量
不恰当的风补偿	16
不能保持航向控制	14
过早离水	9
水域选择不当	9
不利的风	9
风切变	6
超出能力范围的操纵	5
波浪水面	5

上述大部分诱导因素与风有关(不恰当的风补偿、不利的风、风切变、波浪水面),这表明当前还比较缺乏应对各种风条件下的技术措施。相较于陆基飞机,水上飞机在起降期间受风的影响更为严重。例如,飞机驾驶更困难,没有刹车,没有前主起落架(这点尤其需要注意,在水上起飞初始阶段方向舵不能完全补偿螺旋桨诱导的偏航)。湖常常被山包围,这种环境容易引起不可预测的风切变。在波浪水面上起飞,飞行员一般会尽快把飞机拉升脱离水面,以减少飞机冲击,但是波浪水面往往对应强阵风,飞机有时在阵风下升空后又会落回水面,这会引起飞机纵摇,导致飞机前翻。

案例:某用于地质考察的 4 座带浮筒水上飞机正在准备起飞,风为左侧风,风速为 10~15 kn,携带乘客 2 名,飞行员在尝试进行第二次侧风起飞时飞机向左偏并发展成不可控的偏航,最后浮筒钻入水导致飞机倾翻。

(2) 起飞飞行失控。

飞行中失控一般指失速或者飞机失控坠入地面、水面或撞向物体。

与起飞失控事故相关的主要诱导因素和数量如表 2-4 所示。

表 2-4　起飞飞行失控事故的主要诱导因素

诱 导 因 素	数 量
不能保持飞行速度	72
不恰当的空域选择	24
过早离水	20
不利的风	19
超出能力范围的操纵	15
上升和下降气流	15
飞行前准备不充分	14
襟翼或其他高升力装置使用不当	13
不按批准程序飞行	12
中止起飞失败	12
主控制操纵不当	10
不恰当的风补偿	10

上述大部分诱导因素表明飞行员驾驶技术和知识的缺乏。诱导因素如"不能保持飞行速度""过早离水""襟翼或其他高升力装置使用不当""主控制操纵不当"以及"不恰当的风补偿"都与飞行员驾驶技术缺乏有关。诱导因素如"不恰当的空域选择""飞行前准备不充分"以及"不按批准程序飞行"意味着飞行员知识匮乏。诱导因素如"超出能力范围的操纵"和"中止起飞失败"则是由飞行员判断失误导致的。

案例：某飞机起飞后，飞行员在湖最窄的地方高度为 6 m 时，突然向左转弯朝更长的湖面方向飞去，但是飞机失速并以机首朝下、低右翼的姿态坠入水中。

2) 起飞发动机失效

与起飞发动机失效事故有关的诱导因素和数量如表 2-5 所示。

表 2-5　起飞发动机失效事故的主要诱导因素

诱 导 因 素	数 量
燃油掺水	21
发动机失效原因不明	21
飞行前准备不充分	11
动力系统操作不当	11
汽化器结冰	10
燃油不足	8
燃油管理出错	7
汽化器加热的不恰当使用	7

"燃油掺水"和"发动机失效原因不明"并列为第一诱导因素。值得注意的是,燃油问题(燃油掺水、燃油不足、燃油管理出错)为起飞发动机失效事故中最常见的诱导因素,这主要是由于在起飞阶段,其他状况暂时没有时间形成,飞行员没有意识到燃油问题,且没有油箱变动,而且在低高度或采用了增压泵的飞机上汽塞不易发生。

水上飞机相较于陆基飞机,在起飞阶段汽化器结冰风险更大,这是由水面的高湿度和起飞滑跑期间浪花对一些零部件的喷溅影响导致的。

"汽化器加热的不恰当使用""动力系统操作不当"和"飞行前准备不充分"这些诱因表示飞行员知识和判断能力的不足。

案例:飞机起飞时在到达湖终点前一直正常,当到达离地 107 m 高时,突然听到发动机发出"噼啪"声并失去动力;但当飞机开始右转弯时,发动机重新获得动力,此时飞机继续保持背航道飞行。在约 0.5 mi①(805 m)后,发动机再次停车,飞机再次开始右转弯,当飞机继续转弯时,机头突然下沉,飞机翻滚撞地,起火烧毁,并导致两名乘客丧命。该起事故源于飞行员加了被水污染的燃油,没有采用过滤器或脱水器,因而发生发动机停车事故。

3) 起飞碰撞

与水上飞机起飞碰撞事故有关的主要诱导因素和数量如表 2-6 所示。

表 2-6　起飞碰撞事故的主要诱导因素

诱 导 因 素	数 量
不恰当的空域选择	23
没看到障碍物或避障失败	14
碰到隐藏的障碍物	11
飞行前准备不充分	10
上升和下降气流	10
中止起飞失败	8
超出能力范围的操纵	7
不利的风	6
装载不当	5

上述最常见的诱导因素"不恰当的空域选择"表示飞行员判断能力差。"飞行前准备不充分""中止起飞失败"以及"超出能力范围的操纵"也与飞行员判断能力差有关。

————————

① mi 是英制长度单位英里,1 mi=1 609.3 m。

4）进近和着水失控

（1）进近飞行失控。

与进近失控事故有关的主要诱导因素和数量如表 2-7 所示。

表 2-7　进近失控事故的主要诱导因素

诱 导 因 素	数 量
不能保持航向控制	12
不恰当的风补偿	11
不利的风	10
地面操作不当	8
着水区域选择不当	6

上述超过 3/4 的事故归因于最常见的几个诱导因素，这表明飞行员采取正确措施的能力较欠缺。

这些事故一般会表现出失速或尾旋现象。许多对陆基飞机有用的指标和进近导航设备对水上飞机着水时却没有。由于风向标没有合适的位置安装，因此风向及强度难以指示，尤其在那些局部地貌会影响风向的着水区域缺少风向标会影响飞行员做出正确的判断，如在山岭或丘陵地区实施最终进近可能影响飞行员对进近航迹的判断。在某些没有明确定义或显见的着水区域，从初始到最终进近的转弯容易误判，而在某个关键的着水机动中导致过度倾斜。受地形或低高度气流影响而带来的飞行错觉也可能导致进近事故。

案例：飞行员正尝试在一个岛和海岸之间的狭窄水域带着水，在飞跃树梢的时候突然遭遇湍流造成飞机失速，机翼被撞掉一个，坠入湖中。

（2）水上着水失控。

水上着水失控事故的主要诱导因素基本与起飞飞行失控一样，如表 2-8 所示。

表 2-8　水上着水失控事故的主要诱导因素

诱 导 因 素	数 量
不能保持航向控制	12
不恰当的风补偿	11
不利的风	9
水面操作不当	8
着水区域不当	6

从多个着水失控事故的案例记录可以看出,其主要发生在侧风或镜水面条件下。在很多事故中,也并没有采取正确的着水技术。

在镜水面着水往往会导致失控。若着水引导太高,则飞机失速且机首或机翼下沉;若着水引导太低,且有轻微的偏航与/或俯仰,则浮筒前端首先撞击水面并产生剧烈震荡。飞机在失速、机首下沉的条件下一般会倾翻。

很多诱导因素,尤其那些最频繁发生的事故类型中的多发诱导因素,如"不能……""不恰当的……行为""……区域选择不当"等,这些语句让人容易想到这类事故主要是由于飞行员知识和技巧的缺乏而导致误操作飞机或选择不当的航线。因此,当前应关注水上飞机飞行员的特点以及水上飞机的操作和运行环境。

案例: 某水上飞机飞行员驾驶飞机到达某镜面水域后,不放襟翼进行着水,接水后飞机左浮筒钻入水,飞机前倾并向左转,右翼撞击水面,飞机又向右回转,左翼撞击水面,两个方向上的冲击力震碎了风挡玻璃,并导致机翼严重损毁。

2.1.2.5 事故飞行员

1)飞行员许可证种类

图 2-6 根据许可证种类对事故进行了分类,从图中可以看出,商业和私人驾驶总体上差异不大。由于缺乏规范化的水上飞机飞行统计数据(如每种类的飞行小时),因此难以确定是否存在某个种类的飞行有特别高的事故率。图 2-7 根据四个最常见的严重事故类型,分别对飞行类别进行了统计,这时候有些差异就较明显了。对于起飞碰撞和失控事故,商业和私人飞行事故数比较均衡。然而,对于着陆/着水失控和起飞发动机失效事故,私人飞行事故占比较大。

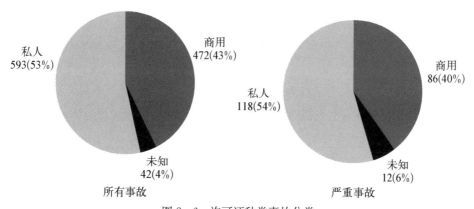

图 2-6 许可证种类事故分类

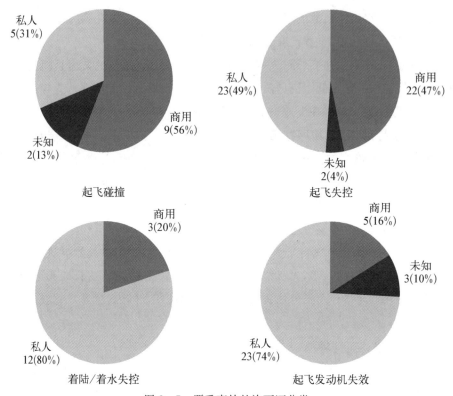

图 2-7 严重事故的许可证分类

另外,对于"起飞发动机失效"事故,私人飞行事故中 34% 是严重事故,而商用飞行事故中只有 17% 是严重事故。这表明,当发动机失效时,商用飞行飞行员相比私人飞行员更有能力避免自己及乘客遭受严重伤害。

2) 飞行经历

图 2-8 给出了水上飞机和陆基飞机飞行员在 500 飞行小时及以下的事故率。确定 500 作为飞行小时上限主要是由于超过 500 飞行小时之后,事故率基本维持不变(从图 2-8 中可以看出超过 300 飞行小时之后,事故率基本就恒定了)。与预期的一样,0~100 飞行小时内发生的事故最多,而且水上飞机相比陆基飞机事故率更大,水上飞机为 21%,陆基飞机为 17%。这个差异实际上可能会更大,因为大部分水上飞机飞行员之前都有过陆基飞机的飞行经历,因此一个拥有 100 水上飞机飞行小时经历的飞行员实际上一般拥有 160~200 飞行小时的总飞行经历。这 4%(21%−17%)的差异表明水上飞机飞行员在最初的训练阶段可能对驾驶水上飞机准备得并不充分,所以事故率比陆基飞机更大,虽然他们可能拥有更多的总飞行经历。

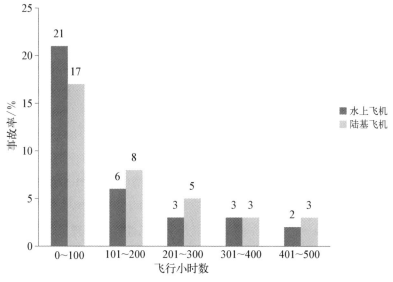

图 2-8 飞行员飞行小时数对事故的影响

在 100 飞行小时以上的飞行经历中,水上飞机的事故率则小于陆基飞机,且比前 100 飞行小时的事故率明显小很多。

图 2-9 给出了水上和陆基飞机飞行员在 100 飞行小时以内统计的 5 个最典型的事故类型的占比。从图 2-9 中可以看到发动机失效、碰撞和拖翼事故在 5 个类型事故中的占比存在差异。发动机失效、碰撞在陆基飞机的 5 个类型事

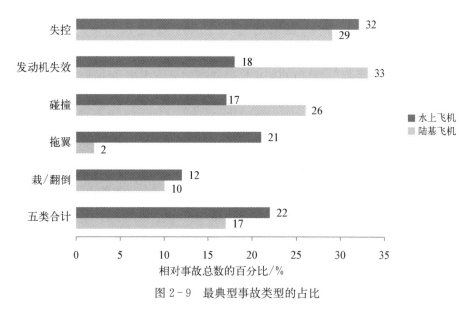

图 2-9 最典型事故类型的占比

故中占比更大,而拖翼事故在水上飞机的 5 个类型事故中占比比陆基飞机大很多,尽管水上飞机一般具有高机翼布置。拖翼事故一般与侧风、大风或镜水面起降有关。

关于这 5 个类型事故占所有事故的总比例值,可以看到,在较小的飞行小时内,水上飞机(22%)比陆基飞机(17%)更大,这表明水上飞机飞行员可能更缺乏在特定环境下必要的驾驶技巧、知识或决断能力。

2.2 适航审定概述

民用航空器的适航管理是以保障民用航空器的安全性为目标的技术管理,是政府适航部门在指定各种最低安全标准的基础上,对民用航空器的设计、制造、使用和维修等环节进行科学统一的审查、鉴定、监督和管理,以确保航空器达到适航规章要求的安全性水平。

2.2.1 适航法规体系

为了规范地进行适航管理,各国政府和适航当局都建立了相应适航法律法规体系,包括一套完整的适航法规、程序和文件。我国与适航相关的法律法规体系包括以下几个层次:民航法、行政法规、民航规章、规范性文件。

民航法属于国家法律,是制定民航法规、规章的依据;行政法规根据宪法和法律制定,是对某一方面行政工作的规定,具有法律效力;民航规章是针对民用航空活动的具有法律效力的专业性管理规定或标准;规范性文件包括管理程序(aviation procedure,AP)、咨询通告(advisory circular,AC)、管理文件(management document,MD)、工作手册(work manual,WM)等,是具体的职能部门(如适航审定部门)颁布的关于民航规章的具体实施办法或管理程序、规章条文的相关政策或解释等,规范性文件不具备强制法律效力。

美国在适航方面的法律法规体系成熟完备,FAA 一直是国际适航标准和程序制定方面的领军者。FAA 依据美国联邦航空法,构建了包括适航审定法规文件和用于指导具体工作的政策指南性文件在内的完整体系。其适航法规文件包括联邦航空条例(FAR)、特殊联邦航空条例(SFAR)、技术标准规定(TSO)等;政策指南性文件包括咨询通告(AC)、指令(order)、通知(notices)、政策(policy)、备忘录(memo)、手册(handbook)和指南(manual)等。

2.2.2 航空器型号合格审定过程

型号合格审定(type certification,TC)是适航当局对民用航空产品进行设计批准的过程。在我国,在完成对航空产品的适航审定后,适航当局根据中国民用航空规章《民用航空产品和零部件合格审定规定》(CCAR-21-R4),颁发型号合格证,用以证明民用航空产品符合相应适航规章和环境保护要求。

根据 CCAR-21-R4 第 21.21~21.25 条的规定,对正常类、实用类、特技类、通勤类、运输类、载人自由气球或者特殊类别航空器,以及初级类、限用类和轻型运动类航空器颁发型号合格证。

典型的型号合格审定过程按航空器的生命周期划分为概念设计阶段、要求确定阶段、符合性计划制订阶段、计划实施阶段和证后阶段共 5 个阶段。在型号合格审定过程中,审查方与申请人应对每个阶段进行评估,完成阶段评估检查单。只有当评估结果满足相应的阶段性工作结果要求后,审定活动才能进入下一阶段(除非审查组与申请人达成一致意见,并形成书面文件)。各阶段的主要工作内容和目的如下所示。

1) 概念设计阶段

概念设计阶段是指意向申请人对潜在的审定项目尚未向中国民用航空局(适航审定当局)的责任审定单位提出型号合格证或型号设计批准书的申请阶段。中国民用航空局(适航审定当局)鼓励意向申请人在航空器型号项目尚处于概念设计时就与责任审查部门书面联系,责任审查部门收到联系函后即启动本阶段。

本阶段的目的是使责任审查部门尽早介入潜在的审定项目,对某些重要领域和与规章相关的要求的符合性问题与意向申请人达成共识,为后续审查活动的顺利开展奠定基础。

2) 要求确定阶段

要求确定阶段是指意向申请人向责任审定单位提出了型号合格证或型号设计批准书的申请,责任审定单位对申请进行受理并确定适用的审定基础阶段。本阶段的工作旨在明确产品定义和有关的风险,确定需要满足的具体规章要求和符合性方法,识别重大问题,对于审查方和申请人均同意按专项合格审定计划(PSCP)进行管理的型号合格审定项目,双方编制初步的专项合格审定计划。

3) 符合性计划制订阶段

符合性计划制订阶段的目的是完成审定计划(CP)和审定项目计划(CPP),或专项合格审定计划。对于申请人和责任审查部门均同意采用专项合格审定计划方式进行管理的项目,专项合格审定计划作为审查组和申请人双方使用的一个工具,管理合格审定项目。审查组与申请人也应在该阶段完成关于设计保证系统的审查计划。

4）计划实施阶段

计划实施阶段是审查方和申请人执行经批准的审定计划和审定项目计划或经双方共同签署的专项合格审定计划的阶段。申请人和审查方应密切合作,对已经批准的审定计划或签署的专项合格审定计划进行管理和完善,确保计划中的所有要求均得到满足。

5）证后阶段

证后阶段是在颁发型号合格证或型号设计批准书之后,完成项目的型号合格审定收尾工作,并开展证后管理工作。

型号合格审定过程模型如图 2-10 和图 2-11 所示。

2.3　水上飞机的适航审定特点

由于水上飞机特殊的设计和使用特点,水上飞机的适航审定相较于陆基飞机的适航审定具有一定特殊性,具体体现在以下几个方面。

1）水上飞机的特殊适航要求

在飞机适航审定的要求确定阶段,需要确定飞机的审定基础,即确定其适用的适航要求。

水上飞机与陆基飞机在运行上的最大区别是起降过程不同。水上飞机在水面起飞,它与陆基飞机在地面跑道上起飞完全不同。飞机在水面起飞时受到水动力、气动力和静浮力共同作用,并且这三种力和力矩会随着飞行速度变化发生剧烈变化,同时飞机在柔性水面起飞时容易受到波浪和风的影响发生纵摇,尤其在较恶劣的水面环境起飞时,为减小飞机的水面颠簸,要求飞机尽快离水。针对水上飞机水面运行的特点,需评估水面波浪、喷溅等特殊运行环境的安全影响,还需要考虑确定水面起飞/着水性能、操稳特性等有别于地面起飞的特殊安全要求。

此外,针对水上飞机的特殊作业任务,包括投汲水、空投救援,以及其相应的独特设计,也需要确定相应的安全性要求。如汲水装置是大型灭火/水上救援两用飞机特有的结构,通过汲水装置飞机能在短时间内迅速将水箱装满水。汲水时,飞机构型和重量都会发生较大变化,对飞机在水面运动的稳定性、操纵性都会产生明显影响。而当水上飞机执行投水灭火和空投救援等飞行任务时,飞机投水灭火或空投物资的瞬间,重量重心急剧变化,同时也会面临火场上方的气流不稳定,以及舱门打开时的气动干扰问题,这些问题都会对水上飞机执行任务的

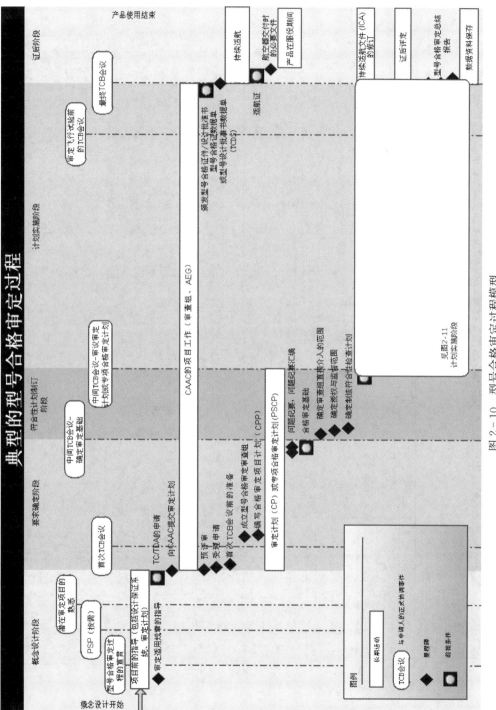

图 2 - 10   型号合格审定过程模型

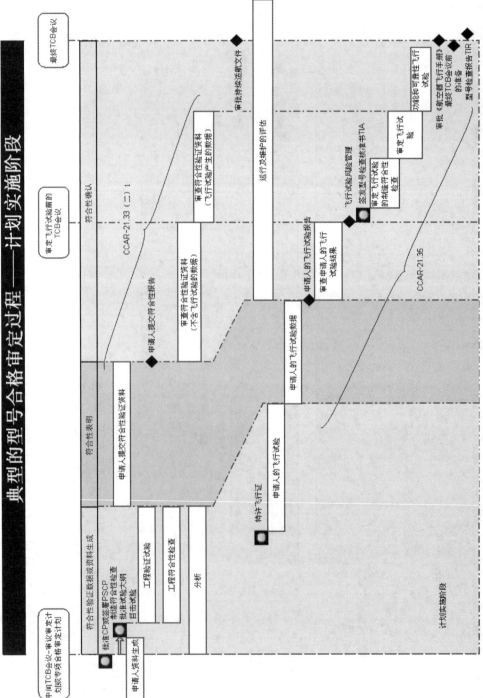

图 2 - 11 计划实施阶段的审定过程模型

操纵性和安全性带来挑战。

2）水上飞机的适航符合性方法

在符合性计划制订阶段，需规划并制订针对审定基础的审定计划和符合性方法。典型的符合性方法包括分析试验、实验室试验、机上地面/水面试验、试飞等。针对水上飞机的特殊适航要求，需要考虑制订相应的符合性方法。

水上飞机的适航符合性方法包括针对水面运行和特殊作业的相关计算分析和试验分析。需要考虑建立准确、可信的计算分析模型，包括水面动力学、水/物资投放、火场模型等，以及通过水池拖拽等试验来表明符合性的逼真度和可行性。

水上飞机的水面试飞方法在试飞测试改装、试验临界条件确定、试验程序和步骤、试验数据采集和处理、试验符合性判据等方面，都与陆基飞机的试飞有较大不同。如对于离地/离水的判断，陆基飞机判断起飞离地点一般采用机轮轮轴法向过载、轮速、主轮触地信号等判断；对于水上飞机的离水点，由于在水上飞机起飞过程中水面不像硬质跑道那般平整，且有不规则的波浪，因此判断飞机离水不能仅依靠断阶触水状态参数，需要结合断阶触水信号和法向过载等方式判断。这就需要有特殊的试飞方法及判定准则。

3）水上飞机的试飞安全管理方法

水上飞机的试飞安全管理与陆基飞机的试飞安全管理在空中试飞部分基本相同，但在水面起飞、着水、滑行和机动等方面两者存在较大差别。因此，水上飞机的试飞安全管理程序主要针对水上飞机离水升空前、着水后的水面滑行、机动和起降过程涉及的安全管理工作展开研究。

由于水面特性较为复杂，水上飞机的试飞程序及方法和陆基飞机相比有较大差异，而且国内外水上飞机试飞经验较为欠缺，其试飞过程往往存在各种可预知和不可预知风险，容易造成试飞事故，因此有必要对水上飞机的水面试飞安全进行研究和有效管控。

3 水上飞机的相关标准和
适航规章要求

除了适航规章外，与水上飞机设计和试验相关的标准、规范还包括《有人驾驶飞机（固定翼）飞行品质》(GJB 185—86)、《飞机飞行品质计算手册》《水上飞机的流体力学》(TOM‐1)等，这些规范及标准对水上飞机在水面上的运动给出了具体量化的指标，本章将进行相应的分析和解读。

3.1 水上飞机水面起降性能操稳的相关标准分析

3.1.1 纵向稳定性和操纵性

3.1.1.1 平静水面中起降的纵向稳定性

1) 品质要求

GJB 185—86 第 11.2.1 条对静水（0 级海情）中起飞、降落的纵向稳定性规定如下：

飞机在平静水面起飞滑跑和降落滑跑时，若产生的纵摇振荡的周期大于或等于 1.5 s，振幅不超过±2°（按纵倾角计算）时，则应可以通过起飞、降落滑跑时的下不稳定区；当滑行速度达到 0.8 倍离水速度时，纵摇振荡应完全停止。

2) 品质分析

水上飞机在平静水面上滑行时的纵向稳定特性表征了水上飞机的一种固有属性。要确保水上飞机在非平静水况下具有良好的纵向稳定性，则其在平静水面中必须具有良好的稳定性。一般不允许有跳跃运动，对不稳定的海豚运动也必须限制在一定范围内。

飞机在通过下不稳定区时，必然会发生纵摇，即海豚运动。这也是水上飞机在中、低速滑行时可能遇到的情况。该条款规定起降过程中飞机低频振荡时应能够通过下不稳定区。考虑到飞机的安全性,规定纵摇振幅不超过±2°,因为飞机在滑行速度达到40%～50%离水速度时,最大纵倾角约为9°,机翼安装角约为5°,如这时出现最大2°的纵摇角,则对应机翼的最大迎角约为16°,从飞机气动力特性考虑还是安全的。

飞机在高速滑行时,不允许有海豚运动,因为在速度达到0.8倍离水速度时,若纵倾角增加2°,则升力增加较快,这样不但会有纵摇,而且还会产生瞬时离水,即产生跳跃。这样不但会影响起飞,还会影响飞机安全。因此,当滑行速度达到0.8倍离水速度时,纵摇应完全停止。

3.1.1.2　高速滑行时的纵倾角

1) 品质要求

GJB 185—86第11.2.3条对高速滑行时的纵倾角规定如下:

在平静水面高速滑行中,升降舵偏角为零时,纵倾角不应小于3°。

2) 品质分析

水上飞机在平静水面上起飞、降落和滑行时,其稳定性是确保安全起落的重要条件之一。水面稳定性表现在飞机能够以一定的纵倾角通过稳定区域,而避免进入上下不稳定区域。升降舵能够改变飞机的纵倾角,若升降舵偏角为零时飞机纵倾角太小,则有可能升降舵下偏后飞机纵倾角更小,高速滑行时飞机可能进入下不稳定区域,因此该条款规定升降舵偏角为零时纵倾角不应小于3°。

3.1.1.3　平静水面中降落时的姿态操纵

1) 品质要求

GJB 185—86第11.2.4条对静水降落时的姿态操纵规定如下:

在平静水面降落时,着水纵倾角在比规定的正常着水纵倾角大3°与小2°的范围内,不应产生较强烈的跳跃现象。若跳跃是驾驶员的操纵错误产生的,飞机本身应能自行克服,而且跳跃的迎角不应大于$0.8\,\alpha_{\mathrm{s}}$。

2) 品质分析

每一种水上飞机都有一定的着水姿态要求,包括单断阶着水或者双断阶着水。在水面平静如镜时,飞行员难以目测高度,加上有时拉杆的时机很难掌握,往往不能达到规定的着水姿态。因此,规定着水姿态的稳定范围必须能满足飞机使用中可能出现的任何情况。本条规定飞机着水姿态(纵倾角)应在规定的着水纵倾角大3°与小2°范围之内。从纵向稳定性考虑,不得产生较强烈的跳跃现象。

由于飞行员操纵不当,飞机有时会出现跳跃,飞机的稳定性应能使这种跳跃自行衰减直至停止。在跳跃中,往往伴随着纵摇,但当迎角达到 $0.8\alpha_s$ 时,迎角不能继续增加,因为此时可能造成失速,导致飞机摔坏或钻浪。

3.1.1.4　平静水面中起降时的纵向操纵

1) 品质要求

GJB 185—86 第 11.2.5 条对静水中起飞时的纵向操纵规定如下:

俯仰操纵效能不应限制飞机的起飞性能,并应足够有效地防止起飞时过分俯仰旋转而进入不合意的姿态。满意的起飞不应依赖于在起飞中使用配平操纵或依赖于驾驶员做复杂的操纵动作。

在起飞滑跑速度等于或大于 1.2 倍的阻力峰速度后,油门、纵向配平机构、襟翼和上下水装置等位置固定情况下,起飞时的俯仰操纵力应位于 230 N 拉杆力至 90 N 推杆力(前三点式飞机)或 160 N 拉杆力至 70 N 推杆力(后三点式飞机)之间;俯仰操纵行程不应超过总行程的 75%。

GJB 185—86 第 11.2.6 条对静水中降落时的纵向操纵规定如下:

降落进场时,先以推荐的进场速度配平,其后在十分接近水面时的水平飞行阶段,升降舵效能应足以保持接水时的飞行姿态。整个降落过程中,俯仰操纵力应是拉杆力,且不超过 230 N。

GJB 185—86 第 11.2.7 条对静水中起飞加速度要求如下:

在平静水面中起飞时应具有良好的加速性。以正常起飞重量起飞,通过阻力峰时的飞机水平加速度不得小于 0.1g。

2) 品质分析

11.2.5 条的目的是防止因俯仰操纵效能不足而限制飞机的性能。此外要求飞行员的操纵应尽量简单,即不依赖于配平机构的使用或飞行员做复杂的操纵动作。当飞机的起飞滑跑速度等于或大于 1.2 倍的阻力峰速度时,俯仰操纵杆力的要求与地面起飞的要求是一致的。

11.2.6 条的目的是为了保证飞机着水时的姿态,降落过程中飞行员的俯仰操纵应拉杆,保持飞机着水的姿态,防止姿态角过小使得着水瞬间冲击力太大,保证飞机降落过程的安全性。在整个降落过程中,俯仰操纵力应是拉杆力,且不超过 230 N,要求与地面着陆的杆力要求一致。

11.2.7 条对起飞加速度大小的要求是为了保证飞机具有良好的水上起飞性能。飞机通过阻力峰时的水平加速度大,不但能缩短起飞时间和距离,而且能迅速通过不稳定的某一区域,也能减少与浪涌的遭遇,从而提高飞机的稳定性和耐波性。通过阻力峰时飞机的水平加速度不得小于 0.1g 的要求需通过仿真分析来验证。

3.1.1.5　波浪中起降时的纵向操纵

1）品质要求

GJB 185—86 第 11.2.8 条对波浪上起飞、降落的操纵性规定如下：

在规定的极限水文、气象条件下，飞机在外海、港湾和大湖泊中起飞滑跑和降落滑跑时，俯仰操纵应足够有效，以使飞机一旦在波浪上跳起后，能造成有利迎角重新接水，不允许产生下列情况：

（1）任何不可控制的海豚运动、跳跃运动或机头左右摇摆的危险倾向；

（2）任何辅助浮筒或翼尖浮筒嵌入水中的现象；

（3）任何翼尖、桨叶或设计上不承受水载荷的其它部件浸水的现象。

2）品质分析

如上所述，水上飞机在平静水面中正常起飞和降落时出现海豚运动、跳跃以及摆头等是不允许的，或应限制在某一范围之内。但在外海、海湾或大湖泊中大多存在波浪，在这种环境中起飞和降落时，出现纵摇、跳跃和摆头是不可避免的，但俯仰操纵应具有足够的效能控制飞机，否则容易出现危险。极限水文、气象条件包括海风和浪涌，风速为 20 kn 或 $0.2V_{SRO}$（取大者），波浪暂定为大浪（浪高 3 m）。

3.1.1.6　波浪中起降时的喷溅特性

1）品质要求

GJB 185—86 第 11.2.9 条对波浪上起飞、降落的喷溅要求如下：

在规定的极限水文、气象条件下，起飞、降落滑跑过程中，喷溅水不得落在空速管上而影响空速指示，也不允许发动机因溅水造成熄火或不正常工作现象。在满足下述条件时，允许喷溅水溅击水线以上机身、机翼等部位：

（1）不使空勤人员操纵飞机复杂化；

（2）不影响螺旋桨的工作状态；

（3）不引起火炮及外挂武器发生故障；

（4）不造成飞机结构的损坏和不许可的永久变形；

（5）不影响外露设备的正常工作。

2）品质分析

喷溅是水上飞机一种不可避免的属性，是水上飞机在水面上起飞降落过程中的一种危害因素。因此，飞机在风浪中起降时，必须对允许溅水的条件和喷溅特性进行限制。此条不能通过数学仿真研究，只能通过飞行试验进行确定。

3.1.2　横航向稳定性和操纵性

3.1.2.1　平静水面中起降时的操纵性

1）品质要求

GJB 185—86 第 11.3.1 条对静水中起飞、降落的操纵性规定如下：

在静水中（0 级海情）不必调整发动机油门，飞机应能在预定方向（航向）的 ±5°范围内起飞和降落。偏转操纵脚蹬力不应超过 450 N（1 级）或 800 N（2、3 级）。

2）品质分析

水上飞机在平静水面中起降时，水面没有任何外力干扰。从飞机本体运动特性来说，其航向稳定性应该较好。如因发动机螺旋桨的影响，通过方向舵和水舵应该能控制航向。所以规定不必调整发动机油门，飞机应能在预定方向（航向）的 ±5°范围内起飞和降落。偏转操纵脚蹬力的要求与地面起降时的要求一致。

3.1.2.2　侧风中的横航向操纵

1）品质要求

GJB 185—86 第 11.3.2 条对侧风中的侧向（横航向）操纵规定如下：

在来自任何一方，风速不超过 10 m/s 的 90°侧风中，飞机的侧向（横航向）操纵效能必须保证中等技术水平的驾驶员也能操纵飞机在有防波水域内起飞和降落，并使其航向保持在预定航向 ±5°范围内。滚转操纵力不应超过飞行品质规定的最大操纵力，偏转操纵脚蹬力不应超过 450 N（1 级）或 800 N（2、3 级）。

2）品质分析

由于飞机在侧风中起降和水面滑行的能力表征了飞机对侧滑产生的横航向力矩的平衡能力，所以它是横航向操纵性的一个设计条件。根据水上飞机在水面上起降的特点，特别是在进行侧风情况下的水面滑行时，保持航向比较困难，所以允许航向保持在预定航向的 ±5°范围内。该要求应在有防波水域（此时可将水域的浪涌视为小浪，浪高为 0.1 m）内进行检查，飞机最严重的状态是飞机在最小起飞重量或最小着水重量，重心位置对应最前或最后。在起降过程中，滑跑速度小于阻力峰速度时，在上述规定的侧风和侧风风速情况下，飞机的航向应保持在预定航向 ±5°范围内；滑跑速度大于阻力峰速度时，飞机应可以保持直线滑行。滚转操纵力和偏转操纵脚蹬力大小的要求与地面起降的要求一致。

3.1.2.3 水面滑行的航向稳定性和操纵性

1) 品质要求

GJB 185—86 第11.3.3条对水面滑行的方向(航向)稳定性和操纵性规定如下:

水面滑行的航向稳定性和操纵性必须良好,即应能消除周期变化大于±10°的摆头现象,以及在极限风速和20°侧风的条件下,进行起飞滑跑和降落滑跑时,应能消除大于5°的非操纵的转弯。

2) 品质分析

本条款没有波浪的影响,仅考虑平静水面的侧风影响。飞机在水面滑行时,应有良好的航向稳定性和操纵性,以便消除由于风向、海流和飞机固有的偏转影响等作用而产生的±10°摆头现象。此外,飞机在起飞滑跑和降落滑跑时存在极限风速,且在风向与运动方向夹角为20°的侧风条件下,飞机因受风的影响而产生大于5°的转弯,为了使飞机偏离滑跑中心线的距离不致太大,本条规定飞机应能消除航迹偏角大于5°的非操纵转弯。

3.1.2.4 不对称动力的航向要求

1) 品质要求

GJB 185—86 第11.3.4条对不对称动力的方向(航向)要求如下:

双发或多发水上飞机,当一侧发动机发生故障时,应能保持与规定的极限风速的风向成30°角以内的方向滑行。

2) 品质分析

本条款没有波浪的影响,仅考虑平静水面的侧风影响。对于双发或多发水上飞机,当一侧发动机发生故障时,飞机将向发动机发生故障的一侧转弯。如遇侧风,风向又来自故障发动机那一侧,则由于垂直安定面和背鳍等的作用,飞机向故障发动机一侧偏转。此时,通过飞行员的操纵,飞机应能保持在与极限风速的风向成30°以内的航向滑行。

3.1.2.5 波浪上起降的航向稳定性和操纵性

1) 品质要求

GJB 185—86 第11.3.5条对波浪上起飞、降落的方向(航向)稳定性和操纵性规定如下:

飞机在外海和波浪上起飞、降落滑跑时,在可接受的纵摇角加速度条件下,驾驶员能够操纵飞机使其航向保持在预定航向±5°范围内。

2）品质分析

水上飞机在外海或波浪上起飞、降落滑行时，波浪是极不规则的，对飞机而言是一个随机干扰源。外海的浪高为极限浪高（暂定为大浪，浪高2.5 m）。而滑行中的水上飞机船体本身在其航向上是没有恢复力矩和恢复力的，所以滑行中的飞机在波浪的随机干扰作用下，随时都有改变航向的可能性。本条款规定，在可接受的纵摇角加速度条件下，飞行员能够操纵飞机使其航向保持在预定航向±5°的范围内。为了满足该要求，在中等速度以下时飞行员当然可以通过调节发动机油门，使其产生左右拉力差。但有些发动机的工作状态受限制，所以主要还是通过提高整个速度范围内的方向舵、水舵和副翼的操纵效率以及提高操纵系统的跟随性来保证。

3.2　水上飞机水面起降适用的相关适航规章分析

本节主要针对《运输类飞机适航标准》（CCAR-25-R4）中关于水上飞机在水面起降的条款进行分析。同时也列出了《正常类、实用类、特技类和通勤类飞机适航规定》（CCAR-23-R3）中的相关条款。

3.2.1　水面条件

3.2.1.1　条款内容

CCAR-25.231(b)款对纵向稳定性和操纵性要求如下：

对于水上飞机和水陆两用飞机，必须制定对起飞、滑行和着水的安全最不利的水面条件。

3.2.1.2　条款理解

水上飞机和水陆两用飞机具备水上起降、滑行的能力，需在河道、湖泊和海面等广阔水域上执行起飞、滑行和着水等飞行任务。水面条件复杂多变，有平静的水面和流动的水面（需考虑水流的方向与速度以及浪涌）之分，更常见的是后者。CCAR-25.231(b)款要求制定对飞机起飞、滑行和着水的最严峻的水面条件。

要求水上飞机能够安全地在水面上起降和滑行，因此有必要针对其水面运行安全而制定最恶劣的水面条件。

这一条款的飞机水面条件要求最终将通过CCAR-25.239条的水面操稳特性适航审定试验予以确定。

在研究水上飞机的水面滑行条件时，一般指在有波浪的条件下，所以要规定波浪的等级。目前世界上还没有统一的波浪等级标准，我国也尚未正式发布海浪等级国家标准(截至 2021 年 7 月)。表 3-1 为某海浪等级划分表,供参考。在研究水上飞机在波浪中的运动时,应指明参考了哪一种浪级划分标准。

表 3-1 某海浪等级划分表

浪 级	风浪名称	浪高 $\bar{\bar{h}}_{1/3}$ [①]/m
0	无浪	0
1	微浪	$\bar{\bar{h}}_{1/3} < 0.1$
2	小浪	$0.1 \leqslant \bar{\bar{h}}_{1/3} < 0.5$
3	轻浪	$0.5 \leqslant \bar{\bar{h}}_{1/3} < 1.25$
4	中浪	$1.25 \leqslant \bar{\bar{h}}_{1/3} < 2.5$
5	大浪	$2.5 \leqslant \bar{\bar{h}}_{1/3} < 4.0$
6	巨浪	$4.0 \leqslant \bar{\bar{h}}_{1/3} < 6.0$
7	狂浪	$6.0 \leqslant \bar{\bar{h}}_{1/3} < 9.0$
8	狂涛	$9.0 \leqslant \bar{\bar{h}}_{1/3} < 14.0$
9	怒涛	$\bar{\bar{h}}_{1/3} \geqslant 14.0$

我国风力等级划分采用了世界气象组织建议的蒲福风级,风力等级标准如表 3-2 所示。

表 3-2 蒲福风力等级标准

风力等级	风的名称	风速/(m/s)	风速/kn
0	无风	0~0.2	<1
1	软风	0.3~1.5	1~3
2	轻风	1.6~3.3	4~6
3	微风	3.4~5.4	7~10
4	和风	5.5~7.9	11~16
5	劲风	8.0~10.7	17~21
6	强风	10.8~13.8	22~27
7	疾风	13.9~17.1	28~33
8	大风	17.2~20.7	34~40
9	烈风	20.8~24.4	41~47
10	狂风	24.5~28.4	48~55
11	暴风	28.5~32.6	56~63
12	飓风	>32.7	>64

---

① $\bar{\bar{h}}_{1/3}$ 为有义波高,人们目测的海浪波高接近于有义波高。

3.2.2 风速

3.2.2.1 条款内容

CCAR - 25.237(b)款对水上飞机和水陆两用飞机风速有如下要求：

（1）必须制定在正常运行中可合理预期的一切水面条件下起飞和着水均安全的最大的 90°侧风分量，该分量必须至少是 20 节或 $0.2V_{SRO}$[①]（取大者，但不必超过 25 节）。

（2）必须制定在正常运行中可合理预期的一切水面条件下往任何方向滑行均为安全的风速，该风速必须至少是 20 节或 $0.2V_{SRO}$（取大者，但不必超过 25 节）。

3.2.2.2 条款理解

水上飞机和水陆两用飞机在水面起飞、着水和滑行时，可能会遭遇各个方向的风扰动。

对于侧风分量，它会对飞机的飞行运动产生顺风漂移、顺风滚转和迎风转向（风标稳定性）的影响，即侧风可能会使飞机出现翻滚和打转的现象。水上飞机和水陆两用飞机的横向惯性矩大，一般不易出现横向翻滚的现象；但是如果侧风过大，而飞机的横向操纵面效率不足，则可能会导致飞机倾斜过于严重，使得机翼一侧浮筒承受过大的载荷。

右侧风在横向产生左滚力矩（m_x^β），在航向产生右偏力矩（m_z^β），$m_x^\beta < 0$，$m_z^\beta < 0$。

下面着重考虑飞机侧风打转的情况。对于起飞、滑行任务而言，以右侧风为例，顺风滚转造成的影响会使飞机的机体发生左倾斜，飞机可通过偏转副翼产生右滚转力矩来抵消右侧风所引起的左滚转力矩 L，另外左侧机翼的支撑浮筒着水后产生浮力 ΔF，也可提供一定的扶正力矩 ΔL，如图 3 - 1 所示。

迎风转向带来的影响则会使飞机产生右偏航力矩 N。此外，左侧浮筒着水后，会引起水动阻力 ΔD，使飞机产生向左的偏航力矩 ΔN，如图 3 - 2 所示。两个偏航力矩相互作用后，飞机需偏转水舵或方向舵来抵消剩余的偏航力矩。

当侧风较大时，如副翼的操纵效能不足则会导致飞机的倾斜较为严重，飞机一侧浮筒会着水较多，从而产生较大的水动阻力，造成飞机逆向偏航；而水舵和方向舵的效能若不足以抑制这一趋势，则最终可能出现飞机在水面上的打转现象。这将严重影响飞机的水面滑行安全。

---

① V_{SRO} 是指飞机在着陆构型下的失速速度。

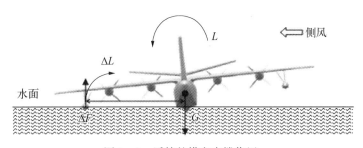

图 3-1　浮筒的横向支撑作用

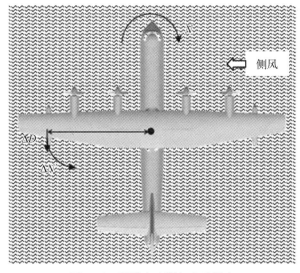

图 3-2　浮筒产生附加水动阻力

如图 3-3 所示,当水上飞机或水陆两用飞机采用第 1 种和第 3 种方法(分别为侧滑法、侧滑+偏流法)接水时,飞机都会带有一定的滚转角,如飞行员来不及修正,则飞机接水后会使同侧的浮筒着水,从而产生水动阻力使飞机偏航,最终可能导致飞机出现水面打转现象。当采用第 2 种方法(偏流法)接水时,如飞行员来不及操纵使飞机机体轴与地速共线,则飞机接水后异侧的浮筒着水,从而产生水动阻力使飞机加剧偏航,最终也可能导致飞机出现水面打转现象。

此外,飞机在进近过程中空速减小导致的横航向气动操纵面效率降低以及飞行员应对侧风的不当操纵也增大了水面打转发生的可能性。

一般地,飞机的重量越小、失速速度和起降速度越低,其抗侧风分量的能力越差,因而将飞机在着陆构型下失速速度 V_{SRO} 的 0.2 倍作为衡量抗侧风能力的

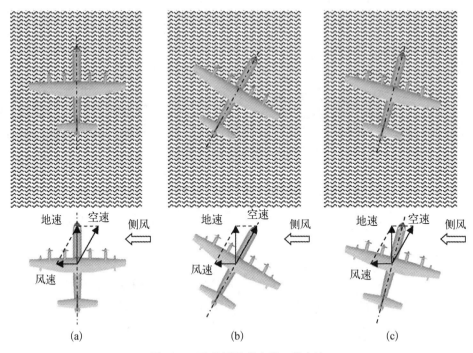

图 3-3　飞机侧风着水的 3 种方法

(a) 侧滑法；(b) 偏流法；(c) 侧滑＋偏流法

标准之一；20 kn(约 10.3 m/s)的侧风分量相当于风力等级为 5～6 的风从水面侧面吹来,是一种可预期的严重气象条件。

CCAR - 25.237(a)款要求制定为表明飞机在正常运行中可合理预期的所有水面条件下安全起飞和着水而确定的 90°侧风分量。

CCAR - 25.237(b)款要求制定为表明飞机在正常运行中可合理预期的所有水面条件下向任意方向安全滑行而确定的风速。

这一条款在飞机设计阶段,可通过数学仿真计算方法进行初步评估,最终需通过适航试飞试验予以确定。

3.2.3　水面喷溅特性、操稳特性

3.2.3.1　条款内容

CCAR - 25.239 条对水面喷溅特性、操纵性和稳定性规定如下：

(a) 对于水上飞机和水陆两用飞机,在起飞、滑行和着水期间以及本条(b)所列条件下,必须符合下列要求：

(1) 不得有妨碍驾驶员视线、引起损坏或造成进水量过大的喷溅特性；

（2）不得有危险的不可控制的海豚运动、弹跳或摇摆倾向；

（3）辅助浮筒或翼梢浮筒、机翼翼尖、螺旋桨桨叶或其它未按承受水载荷设计的部分不得浸入水中。

（b）必须在下述条件下表明符合本条(a)的要求：

（1）从平静的水面到按第 25.231 条制定的最不利的水面条件；

（2）水面运行时可合理预期的风速和侧风速度、水流和相应的浪涌条件；

（3）水面运行时可合理预期的速度；

（4）在水面上任何时刻关键发动机突然停车；

（5）在申请审定的载重状态范围内，相应于每种运行条件的每一重量和重心位置。

（c）在本条(b)的水面条件和相应的风的条件下，水上飞机或水陆两用飞机必须能在发动机停车情况下漂流 5 分钟，必要时可借助海锚。

3.2.3.2 条款理解

水上飞机和水陆两用飞机在水面起飞、滑行和着水时，船身底部向四周喷射出强弱不等的水束。这可能会带来如下不利的影响：一方面，喷起的水花可能会影响飞行员的视野，进而妨碍飞行员的操纵，这一条要求一般仅能通过水面起降飞行试验进行符合性验证；另一方面，喷起的水花可能会打到发动机螺旋桨、机翼后缘的襟翼、副翼、尾部的尾翼以及外挂武器等，从而造成飞机的这些结构损坏，或影响它们的正常工作。为了减小这些不利影响，可通过设计合理的船体型线，将船身舭部设计成带有舭弯和抑浪槽的形状等来达到控制喷溅的目的，如图 3-4 所示。

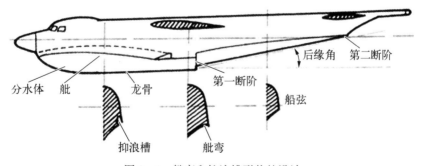

图 3-4　舭弯和抑浪槽形状的设计

水上飞机和水陆两用飞机在水面上起飞、滑行和着水过程中，往往会出现纵摇。设计不佳的水上飞机和水陆两用飞机在滑行时会出现海豚运动，在高速滑行时甚至还会出现跳跃和摇摆现象。

飞机的纵倾角是指飞机前体龙骨线在纵向平面内与平静水面的交角,龙骨线如图 3-4 所示。所谓滑行稳定性,是指水上飞机和水陆两用飞机在滑行过程中,由于水动力力矩和空气动力力矩的变化,纵倾角也随速度发生变化,当外力作用消失后,飞机能够恢复原来状态的能力。

为了保证安全性及舒适性,《有人驾驶飞机(固定翼)飞行品质》(GJB 185—86)规定纵摇摆幅小于 2°为稳定,否则为不稳定,如图 3-5 所示。同时,还规定稳定区域纵倾角的变化范围不得小于 3°,以便飞机实际使用时在一定的升降舵偏度下,保证起落纵倾曲线在稳定区域通过。不稳定区域又可以分为上和下两个区域。如果飞机的纵倾角较小进入下不稳定区,则当纵倾角变化时飞机的水动力俯仰力矩将变化较大,可能产生海豚运动(porpoising),海豚运动是垂荡和纵摇运动互相耦合的不稳定运动,其对船体的水动力系数变化较为敏感;如果飞机的纵倾角进入上不稳定区域,由于飞机的纵倾角较大,则纵倾角的变化会引起飞机气动力变化较大,此时可能产生跳跃运动(bounding),如图 3-6 所示,导致飞机过早离水。滑行不稳定的原因与船身外形设计和飞机重心相对断阶的位置有关。

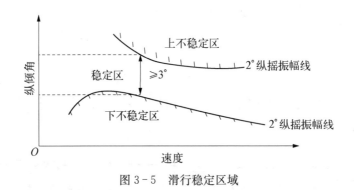

图 3-5 滑行稳定区域

图 3-6 跳跃运动示意图

任何水上飞机和水陆两用飞机在静水滑行时都不允许有不稳定的情况发生,同时在风浪上的稳定性也必须保证。为了保证飞行安全,水上飞机和水陆两用飞机在水面起降过程中应具有水面滑行稳定性,即纵倾角随速度的变化应位于图 3-5 中的两个不稳定区之间。

　　由于水上飞机和水陆两用飞机在水面上时会遭遇波浪、侧风、关键发动机停车,甚至飞行员操纵不当等情况,它们会出现左右倾斜,从而使辅助浮筒或翼梢浮筒、机翼翼尖、螺旋桨桨叶或其他未按承受水载荷设计的结构浸入水中。

　　滚转角限制可通过飞机机翼与机身的几何关系确定,如图 3-7 所示。翼尖浸水还可能引起飞机急剧转弯或侧倾。某飞机的浮筒为支撑浮筒,采用了可浸入设计方案,因此需要重点考虑其遭遇不利影响时,机翼翼尖或螺旋桨桨叶是否会浸入水中。

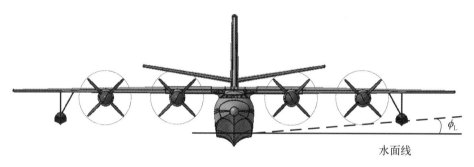

水面线

图 3-7　转滚角限制

　　最后,水上飞机或水陆两用飞机还需考虑发动机停车情况下的锚泊要求,当发动机出现停车时,飞机应能够漂流 5 min,必要时可以借助海锚,以免飞机随波逐流,保证乘员安全撤离。

　　CCAR-25.239(b)款规定验证本条(a)款和(c)款时的水面条件、风速条件、发动机停车等条件:① 从平静水面到按 CCAR-25.231 制定的最恶劣的水面条件;② 对飞机水面运行安全的风向和风速、水流和浪涌;③ 飞机水面滑行的任何可能速度;④ 关键发动机停车;⑤ 飞机的任意构型,包括最大(小)重量和最前(后)重心位置的任意组合。

　　CCAR-25.239(a)款规定需要验证的水面喷溅特性和操稳特性:① 不得有妨碍飞行员视线、引起结构损坏或造成进水量较大的喷溅特性;② 不得有危险的不可控制的海豚运动、弹跳或摇摆倾向;③ 辅助浮筒或翼梢浮筒、机翼翼尖、螺旋桨桨叶或其他未按承受水载荷设计的结构不得浸入水中。

　　CCAR-25.239(c)款规定需要验证的发动机停车锚泊要求:飞机必须能在

发动机停车情况下漂流 5 min，必要时刻借助海锚。该条款实际上对飞机漂航和锚泊做了要求，飞机应能做与规定的极限风速的风向成 30°的航向漂航，并且锚泊时应使飞机的摇摆角和中心处的过载变化不得过大，以免乘员难以忍受。

3.2.4 CCAR‑23‑R3 规章要求

3.2.4.1 CCAR‑23.51 条款内容

CCAR‑23.51 条对起飞速度有如下规定：

（a）对正常类、实用类、特技类飞机，抬前轮速度 V_R 是飞行员做出操纵想使飞机升离道面或水面的速度。

（1）对多发陆上飞机，V_R 必须不小于 $1.05V_{MC}$ 或 $1.10V_{S1}$ 中的大者；

（2）对单发陆上飞机，V_R 必须不小于 V_{S1}；和

（3）对水上和水陆两用飞机从水面起飞，V_R 是在所有合理预期的条件包括紊流和临界发动机完全失效的情况下表明安全的速度。

3.2.4.2 CCAR‑23.51 条款理解

本条款给出了飞机起飞速度的具体要求。

本条款的主要目的是确定飞机不受重量、高度、温度等条件限制时的起飞速度。对于受外部条件限制的飞机，本条款的目的是确定处于由申请人选择的使用限制内的各种重量、高度、温度条件下的所有起飞构型相应的起飞速度图表。

按照条款要求，多发飞机起飞速度是由 V_S、V_{MC} 及其他因素决定，单发飞机起飞速度是由 V_S 及其他因素决定，因此多发飞机需要提前完成 V_S、V_{MC} 试飞，单发飞机需要提前完成 V_S 试飞。

3.2.4.3 CCAR‑23.65 条款内容

CCAR‑23.65 条对全发爬升有如下规定：

（a）对于正常类、实用类和特技类飞最大重量不超过 2,722 公斤（6,000 磅）的活塞发动机飞机，在海平面对陆上飞机必须至少具有 8.3% 的定常爬升梯度，对水上和水陆两用飞机至少具有 6.7% 的定常爬升梯度，必须：

（1）每台发动机不超过其最大连续功率；

（2）起落架在收上位置；

（3）襟翼处于起飞位置；和

（4）对多发飞机爬升速度不小于 $1.1V_{MC}$ 和 $1.2V_{S1}$ 中之大者，对单发飞机爬升速度不小于 $1.2V_{S1}$。

3.2.4.4　CCAR - 23.65 条款理解

本条给出了正常类、实用类和特技类飞机全发爬升的性能具体要求。

依据 FAR 的 AC 23 - 8C 第 23.65 条给出的方法,通常采用锯齿爬升,在规定的构型下进行爬升性能试飞。在记录数据之前,使空速和功率稳定。为了计算重量,记录每次爬升开始的时间,连续进行至少 3 min 或 3 000 ft 的稳定爬升,同时保持空速基本不变。应该以和风向成 90° 的夹角进行爬升,替代的方案是沿正反航向爬升,以使风梯度的影响减至最小。为了得到精确的结果,在平稳的大气中进行锯齿爬升是非常必要的。

依据 AC 23 - 8C 第 23.65 条和附录 2 给出的方法进行试飞结果修正,得到标准大气条件下的爬升梯度,对于 CCAR - 23.65(a) 规定的飞机,证明其在最大起飞重量、海平面标准大气条件下满足相应的爬升梯度要求。

3.2.4.5　CCAR - 23.75 条款内容

CCAR - 23.75 条对着陆距离有如下规定:

对着陆,必须在运行限制内标准温度下的每一重量和高度,确定飞机从高于着陆表面 15 米(50 英尺)的一点到飞机着陆并完全停止所需的水平距离:

(a) 保持不小于第 23.73 条(a)、(b) 或(c)确定的 V_{REF} 定常进场下降到 15 米(50 英尺)的高度;且

(1) 在降至 15 米(50 英尺)的高度前,稳定下滑进场梯度必须不大于 5.2%(3°);

(2) 此外,申请人可以通过试验进行演示,在降至 15 米(50 英尺)的高度前,大于 5.2% 的最大定常下滑梯度是安全的。下滑梯度必须作为一项使用限制加以规定,并且必须能够通过适当的仪表将必要的下滑梯度指示信息提供给驾驶员。

(b) 在整个机动中必须保持构型不变;

(c) 着陆时必须避免大的垂直加速度,没有弹跳、前翻、地面打转、海豚运动或水上打转的倾向;

3.2.4.6　CCAR - 23.75 条款理解

本条款给出了确定飞机着陆距离的具体要求。

CCAR - 23.75 条"着陆距离"一般采用说明性文件、分析计算和飞行试验等验证方法。通过飞行试验获得该条款要求的各临界形态下飞机的着陆性能。飞行试验时考虑的关键参数包括:重量、重心、速度、飞机构型等。通过着陆距离试飞验证下降梯度、构型、接地后跑道滑行状况,验证对条款的符合性,通过中断

着陆演示能够从着陆安全过渡到中断着陆,并统计在此过程中的高度损失。如果采用了刹车之外的其他减速措施,则通过计算分析和飞行试验证明其安全可靠和能够获得始终如一的效果。

为了便于分析,通常把着陆距离分为三段进行处理:从 15.2 m(50 ft)到主轮接地作为空中段;主轮接地到刹车开始工作作为过渡段;刹车开始工作到完全停止作为刹车段。通过对三段试飞数据统计分析,建立计算模型,通过扩展计算得到运营限制内的所有重量、高度、温度的着陆性能。

3.2.4.7 CCAR‑23.231 条款内容

CCAR‑23.231(b)款对纵向稳定性和操纵性规定如下:

(b) 水上飞机和水陆两用飞机,在水面上的任何正常使用速度上,不得有危险的或不可控制的海豚运动特性。

3.2.4.8 CCAR‑23.231 条款理解

本条款给出了水上飞机和水陆两用飞机在水面上的纵向稳定性和操纵性的要求,是 CCAR‑23.75 条的伴随性要求,要求不得出现有危险的或不可控的海豚运动特性。

水上飞机应在直到适合于该型飞机最大浪高的实际可行的各种不同水面情况下进行试验。应评定飞机的滑行、起飞和着陆操纵时其纵向稳定性和操纵性的可接受性。应包括,慢车着陆以及用 CCAR‑23.75 条和 CCAR‑23.51 条中所采用的程序进行着陆和起飞。对于多发飞机,还应评定水上操纵过程中一台发动机失效的影响。

3.2.4.9 CCAR‑23.233 条款内容

CCAR‑23.233 条对航向稳定性和操纵性规定如下:

(a) 必须确定风速的 90°侧向分量,且不得小于 $0.2V_{S0}$,并演示在此分量下滑行、起飞和着陆是安全的。

(b) 陆上飞机在按正常着陆速度作无动力着陆时,必须有满意的操纵性,而不要求特殊的驾驶技巧或机敏,无需利用刹车或发动机动力来维持直线航迹,直到速度减至接地速度的 50%。

(c) 飞机在滑行时必须有足够的航向操纵性。

(d) 水上飞机必须在本条(a)规定的最大风速下演示其水上航向稳定性和操纵是令人满意的。

3.2.4.10 CCAR‑23.233 条款理解

本条款给出了飞机在地面(水上)航向稳定性和操纵性的具体要求。

(1) CCAR-23.233(a)款要求飞机必须演示在侧风中能够安全滑行、起飞和着陆,规定了演示的最小侧风值。因为要求的最小侧风值可能远小于飞机的实际能力,可按申请人的选择,在较大的侧风下进行试验。经试验满意的90°侧风分量的最大值应作为性能资料列入飞机飞行手册中。如果在演示中发现受到侧风限制,应该在飞行手册的第2章中进行说明。

CCAR-23.233(a)款允许飞机在侧风中有地面打转的倾向,只要飞行员利用发动机动力、刹车装置和空气动力操纵面能够控制这种倾向。根据CCAR-23.1585(a)款的规定,其操作程序应列入飞机飞行手册。

(2) CCAR-23.233(b)款要求在无动力(慢车功率)着陆到着陆滑行过程中,陆基飞机应演示满意的操纵性,可以迎风进行,并且应在载荷包线所有关键点上进行评定。虽然CCAR-23.233(b)款对水上飞机没有明确要求无动力着陆/着水,但是建议对水上飞机也要进行这种评定。

CCAR-23.233(b)款要求的演示应在逆风中进行,此条要求与侧风无关。着陆过程中,飞行员要探明任何不正常的操纵性问题,由于在着陆滑跑中的某个节点,空气动力操纵面可能变得无效,飞行员必须对怎样才算是"满意的操纵"进行判定。

(3) CCAR-23.233(c)款要求,陆基飞机在地面,水上飞机在水面以及水陆两用飞机在地面以及水上进行滑行操作时,飞机要有足够的航向操纵性。

(4) CCAR-23.233(d)款要求水上飞机必须在CCAR-23.233(a)款规定的侧风中演示其水上航向稳定性和操纵性。水上飞机在水面运行时,由于水面环境复杂多变,在侧风影响下,飞机很容易产生翻滚以及姿态变化,导致机翼触水等危险情况。为了保证其安全性,在风速的90°侧向分量,且不得小于$0.2V_{S0}$,水上飞机能够安全在水面滑行、起飞和着陆。

3.2.4.11　CCAR-23.237条款内容

CCAR-23.237条对水上运行规定如下:

水上飞机和水陆两用飞机必须规定经演示能安全运行的浪高和必要的水上操作程序。

3.2.4.12　CCAR-23.237条款理解

本条款给出了水上飞机和水陆两用飞机在水上运行的两个具体要求。

(1) 能安全运行的浪高是水上飞机和水陆两用飞机进行演示水上运行的水面条件要求,是为了保证水上运行安全给出的浪高限制。

(2) 必要的水上操作程序是水上飞机和水陆两用飞机进行演示水上滑行、

起飞、着水的操作要求,是为了保证水上运行安全给出的正确的水上操作程序。

3.2.4.13　CCAR-23.239 条款内容

CCAR-23.239 条对喷溅特性规定如下:

水上飞机或水陆两用飞机,在滑行、起飞和着水的任何时候,喷溅不得危险地模糊驾驶员的视线或损坏螺旋桨或飞机的其他部件。

3.2.4.14　CCAR-23.239 条款理解

本条款给出了为确保水上飞机和水陆两用飞机在滑行、起飞和着水过程中的安全性而提出喷溅特性要求。

飞机在水面滑行过程中都会产生不同程度的喷溅,要求溅起的水花不得妨碍机组人员操作,不得影响乘员的舒适性;也不能影响螺旋桨的工作状态;不能造成飞机结构的损坏和不许可的永久变形;不能影响外露设备的正常工作。为了控制这些现象,可以通过改进船体型线,加防溅条、抑波槽等手段来达到控制喷溅的目的,同时改变结构布局来保证重要设备正常工作。

3.2.4.15　CCAR-23.523 条款内容

CCAR-23.523 条对设计重量和重心位置规定如下:

(a)设计重量必须在直到设计着水重量的各种运行重量下满足水载荷要求。但对于第 23.531 条中所述的起飞情况,必须采用水面设计起飞重量(水面滑行和起飞滑跑的最大重量)。

(b)重心位置必须考虑在申请合格审定的重心限制范围内临界重心,以获得水上飞机结构每一部分的最大设计载荷。

3.2.4.16　CCAR-23.523 条款理解

(1)在水上飞机结构强度设计时,必须考虑各种使用重量下的水载荷。

重量是影响水上飞机水载荷的主要因素之一,这可以从 CCAR-23.527 等条款的载荷系数公式中清楚地看到,另外重量的大小还直接影响飞机的起飞和着水速度,亦对水载荷产生影响。

起飞重量是水上飞机起飞滑行时的重量,是水机运营中的最大重量,虽然起飞情况规定的载荷系数(见 CCAR-23.521)与着水情况相比要小一些,但由于此时机翼上的有效装载较多,气动升力又比较小,这样滑行中气动升力不能像着水时那样抵消一部分向下的惯性力而使惯性力成为构成机翼下壁板严重情况设计时的主导载荷。所以机翼及船身、浮筒连接部位设计都要考虑此情况。

(2)在进行结构设计时,必须要考虑在申请合格审定的重心范围内的各个临界重心位置,以确保结构安全。

　　重心位置变化意味着飞机重量分布的变化和惯性矩的变化,这将直接影响艉部的撞击载荷的大小。加之重量分布变化将引起结构内力的变化,所以要获得结构各部位最大的设计载荷,必须要考虑各种可能重心位置时的水载荷,从而找出最不利重心位置情况下结构某一部位的设计载荷。

4 水上飞机的特殊适航要求

针对大型水上飞机的独特设计和使用特点,目前《运输类飞机适航标准》(CCAR‐25‐R4)并不完全涵盖其适航安全要求,需制定额外的特殊适航要求,即专用条件,并确定相应的符合性验证方法。基于大型水上飞机的水面起降、特殊作业任务等,需制定的特殊适航要求,包括水面起飞性能、水面操纵性、投水的操纵特性、空投救援飞行安全等。

4.1 水面起飞性能特殊适航要求

4.1.1 问题背景

水上飞机在水面滑行、加速离水、降落以及执行高速汲水任务时,其在水面起降的动力学和运动特征均有其独特的设计特征;同时,由于水陆两用飞机在水面的滑行加速特性引起的迟滞误差、环境特性等因素会对水陆两用飞机在水上起飞产生影响;此外,水上起飞过程的水面效应也与在地面起飞过程不同,导致飞机离水前的空速校准也与地面空速校准也存在差异。

因此,CCAR‐25‐R4中对陆基飞机起飞性能和空速校准要求的条款不完全适用于水陆两用飞机在水上起飞,需增加对水上飞机或水陆两用飞机在水上起飞性能和空速校准的相关要求。

现行CCAR‐25.107、CCAR‐25.109、CCAR‐25.111、CCAR‐25.113、CCAR‐25.1323等条款对陆基飞机在地面起飞速度、加速—停止距离、起飞航迹、起飞距离、起飞滑跑距离和空速指示系统有明确要求,但对水上飞机在水上起飞性能、汲水性能和水面空速校准缺少相关定义和要求,需根据水上飞机特性制定相关要求。

4.1.1.1 水上飞机起飞特点和特征速度定义

1) 水上起飞的过程和阶段

对于陆基飞机的起飞,飞机从跑道上的滑跑起点开始加速至抬头速度,飞机抬头拉起离地,并继续爬升直到高于起飞表面450 m,其中在高于起飞表面 10.7 m前必须达到起飞安全速度 V_2,以满足后续爬升梯度和机动能力的要求。 陆基飞机通常的起飞过程和阶段如图4-1所示。

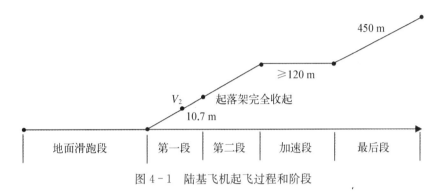

图4-1　陆基飞机起飞过程和阶段

水上飞机没有起落架支撑,在水面滑行时受到浮力、水动力、空气动力的共 同作用,这些力随着滑行速度的增大而不断变化。由于在水面滑行受力的特殊 性,因此水上飞机在水面滑行时的纵向姿态(通常以水上飞机船体纵倾角表述) 有一个稳定范围,且随着速度的变化不断变化。如果飞机的纵倾角超出这一稳 定范围,飞机就会产生海豚运动或跳跃运动。由于纵倾角稳定范围的限制,水上 飞机在离水前需要保持一定的纵向姿态,不能进行大幅度的姿态调整,飞机在一 定速度下可以以接近"自然离水"的形态离水。因此,水上飞机不能以与陆基飞 机类似的拉杆抬头动作离水,但飞行员可以通过小幅度调整操纵(如带杆),辅助 飞机以一定姿态离水。

水上飞机离水后,为了缩短起飞距离,需要尽快抬头拉起。但水上飞机抬头 时的速度应满足后续起飞爬升梯度要求,因此水上飞机需要继续贴近水面飞行, 并加速至抬头速度再抬头拉起。参考陆上起飞爬升的要求,水上飞机抬头速度 应使飞机在10.7 m前能够达到起飞安全速度 V_{2w},飞机必须以尽可能接近但不 小于 V_{2w} 的速度继续爬升至高于起飞表面120 m,加速后最终爬升到450 m,完 成水上起飞的过程。由于水上飞机起飞过程中没有收起落架的动作,因此根据 起飞爬升的分段原则以及爬升梯度制定的实质要求,可以按照到达离水面 10.7 m来划分起飞爬升的第一段和第二段,即从水上飞机抬头拉起到距水面 10.7 m之间为第一段,从10.7 m到高于起飞表面120 m加速开始点之间为第 二段。水上飞机的起飞过程和阶段如图4-2所示。

从上述分析可以看出,水上飞机起飞过程与陆基飞机起飞的差别主要在于

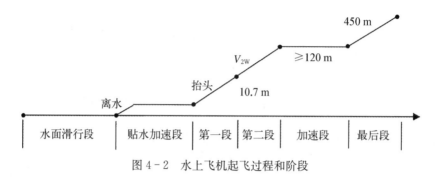

图 4-2　水上飞机起飞过程和阶段

从水面滑行加速起点至高于水面 120 m 的加速开始点为止的这一阶段,这一阶段包括以下四段:

（1）水面滑行段:从飞机滑行起点加速至飞机离水。

（2）贴水加速段:从飞机离水继续贴水飞行加速至飞机抬头拉起。

（3）起飞爬升第一段:从飞机抬头拉起至 10.7 m。

（4）起飞爬升第二段:从 10.7 m 到高于水面 120 m 的加速开始点。

2）与起飞操纵相关的特征速度定义

从上述水上起飞的过程和阶段可以看出,飞行员在驾驶水上飞机的起飞过程中,需要重点关注和明确离水的时机和抬头的时机,因此离水速度和抬头速度是水上起飞过程中必须定义的特征速度。除此之外,与陆上起飞类似,必须考虑在起飞过程中发生单发停车时,飞机能否继续起飞,需制定水上起飞的起飞决断速度。因此,在水上飞机起飞过程中,与飞行员操纵相关的特征速度定义包括如下几种:

（1）离水操纵速度 V_{GW}:该速度为飞机开始离水的速度。在此速度下飞行员可以通过小幅度操纵调整,使飞机的滑行纵倾角在稳定范围内,并以该姿态离水。

（2）腾空速度 V_{LOFW}:该速度是飞机在 V_{GW} 开始离水时,飞机完全离水的速度。

（3）抬头速度 V_{RW}:该速度是飞机离水后抬头拉起时的速度。在此速度下,飞行员可以拉杆使飞机抬头爬升,并能使飞机在 10.7 m 之前达到起飞安全速度 V_{2W}。

（4）起飞决断速度 V_{1W}:该速度是飞机在起飞过程中发生单发停车时,飞行员可以中断起飞的临界速度。飞机在这一速度前发生单发停车,飞行员可以减速中断起飞;而当飞机速度大于这一速度时,必须继续起飞。

（5）起飞安全速度 V_{2w}：水上飞机起飞安全速度 V_{2w} 与陆基飞机的起飞安全速度定义相同。在此速度下，可以提供所有后续爬升要求的爬升梯度和机动能力。

4.1.1.2　与特征速度相关的限制分析

为了确保水上飞机起飞过程中的安全性，必须确定上述特征速度的限制范围，并定义相应的限制速度。考虑水上起飞的特点，在定义限制速度时，需考虑以下几个方面的要求：

（1）水面纵向姿态控制要求。前文已说明，水上飞机在水面滑行过程中，纵向姿态需要保持在纵倾角的稳定范围内。随着滑行速度的增加，飞机纵向姿态稳定范围逐渐变小，飞机的纵向控制变得越来越困难，飞机必须尽快离水。因此，需要确定飞机在水面滑行时能够保持纵向稳定性的最大速度，作为飞机离水速度的上限。

（2）单发停车条件下继续起飞保持航向的要求。相对于陆上跑道的有限宽度，水上飞机在水面起飞时在航向和空间上具备更大的自由度，但也需要考虑飞机在有限空间的水域起飞时保持航向的要求。在出现单发停车时，如果要继续起飞，则飞机需要具有足够的航向操纵效率，保证飞机在不对称推力条件下能保持原来的航向。因此，需要确定水上飞机的水上最小操纵速度，以明确单发停车时能保持航向操纵的最小速度限制。根据前述分析，水上飞机在抬头前包括水面滑行段和贴水加速段，在确定水上最小操纵速度时，需要考虑飞机仍然在水面滑行，以及飞机离水后贴水飞行时的两种情形，并考虑与离水速度的关系，取两种情形下的较大者作为水上最小操纵速度。需要注意的是，对于在水面滑行和贴近水面飞行两种情形，为防止翼尖或者浮筒着水，都需要保持机翼水平。因此在确定水上最小操纵速度时需要保持机翼水平。

（3）在贴水飞行段中断起飞的要求。根据水上飞机的起飞过程可知，水上飞机在离水后才会抬头拉起，如果在抬头前的贴水飞行段发生单发停车，仍然可以实施中断起飞，此时飞机可以减速并重新落回水面并继续滑行减速至停止。飞机在落回水面的过程中，必须考虑速度过大导致的着水冲击载荷超出结构限制以及着水后的操纵性问题，因此需要确定飞机的起飞决断速度设置上限。

基于以上分析，在定义和确定水上飞机起飞特征速度时，需定义并确定以下限制速度：

（1）水上最大操纵速度 V_{MAXW}：该速度是在水面滑行时，能够保持纵向安全可控的最大速度。飞机的腾空速度 V_{LOFW} 不能超过 V_{MAXW}。

（2）水上最小操纵速度 V_{MCW}：该速度是飞机在水面滑行或贴水飞行时，当临界发动机突然失效时，仅使用气动舵面操纵就可以控制飞机，并按照初始的航向继续安全起飞的最小速度。

（3）水上最大中断速度 V_{1WMAX}：该速度是飞机在水面滑行或贴水飞行时，飞机可以安全中断起飞的最大速度。在确定 V_{1WMAX} 时，需要考虑当在贴近水面飞行时，在重新落入水中并减速的过程中能够安全可控，并不会对机体结构造成损伤。

综上所述，与水上飞机起飞相关的速度如图 4‐3 所示。

图 4‐3　与水上飞机起飞相关的速度

4.1.1.3　水上起飞速度的安全性要求

参考陆基飞机对起飞速度的适航要求的目标和原则，除了 4.1.1.1 节所述的速度限制外，在确定水上起飞速度的安全性要求时，还需考虑以下限制：

（1）为了防止飞机在离水后失速，或在飞机抬头过程中产生影响飞行的失速警告，飞机的离水操纵速度及抬头速度需要建立相对于失速速度/失速警告速度的裕度。

（2）为了保证飞机在抬头后，在临界发动机停车情况下具有足够的航向操纵效率，飞机的抬头速度需要建立相对于空中最小操纵速度 V_{MCA}（由 CCAR‐25.149 确定）的裕度。

综上所述，建立水上起飞速度的安全性要求如下：

（1）离水操纵速度 V_{GW}：V_{GW} 是飞机开始离水的校正空速，V_{GW} 需满足以下条件：

a. V_{GW} 不小于飞机的失速速度。

b. V_{LOFW} 是飞机完全离水腾空时的校正空速。飞机在 V_{GW} 开始离水时，得到的 $V_{LOFW} \leqslant V_{MAXW}$。

（2）起飞决断速度 V_{1W}：V_{1W} 是申请人选定的水面起飞速度，以校正空速表示。V_{1W} 需满足：

a. $V_{1W} \geqslant V_{EFW} + \Delta T$，其中 V_{EFW} 为假设临界发动机失效时的校正空速，V_{EFW} 由申请人选定，但不小于水上最小操纵速度 V_{MCW}；ΔT 为飞行员意识到临界发动机停车的反应时间内的速度增量。

b. $V_{1W} \leqslant V_{1MAX}$。

（3）抬头速度 V_{RW}：V_{RW} 以校正空速表示，V_{RW} 不得小于下列任何一个速度：V_{1W}、V_{LOFW}、$1.05V_{MCA}$、失速警告速度以及当临界发动机在 V_{EFW} 停车时，使飞机在到达起飞表面以上 10.7 m 前达到 V_{2W} 的速度。

（4）起飞安全速度 V_{2W}：V_{2W} 以校正空速表示，由申请人选定，V_{2W} 可按照与 CCAR - 25.107(b)(c)款要求的陆基飞机起飞安全速度 V_2 一致的要求确定。

4.1.1.4　单发停车时的爬升梯度安全性要求

根据对水上飞机起飞航迹及分段的分析，水上飞机起飞爬升第一段和第二段与陆基飞机有较大区别。陆基飞机根据起落架放下收起的分段及相应单发停车时的爬升梯度要求 CCAR - 25.121(a)(b)款不能直接应用于水上飞机，需要按照水上飞机第一段和第二段的特点及阶段划分对爬升梯度要求进行修订和明确。水上飞机单发停车爬升的梯度要求建立如下：

（1）从抬头到 10.7 m 的起飞阶段：在下列条件下，沿飞行航迹（飞机在 V_{RW} 和达到 10.7 m 两点之间）的临界起飞形态和水上起飞所采用的形态（无地面效应），在速度 V_{RW} 时的定常爬升梯度，对于双发飞机必须是正的，对于三发飞机不得小于 0.3%，对于四发飞机不得小于 0.5%：

a. 临界发动机停车，而其余发动机处于按水面起飞航迹规定的，速度为 V_{RW} 时的可用功率（推力）状态。

b. 重量等于按水面起飞航迹规定的速度为 V_{RW} 时的重量。

（2）10.7 m 以上的起飞阶段：在下列条件下，以水上起飞所采用的起飞形态（无地面效应）在速度 V_{2W} 时的定常爬升梯度，对于双发飞机不得小于 2.4%，三发飞机不得小于 2.7%，四发飞机不得小于 3.0%：

（3）临界发动机停车，而其余发动机（除非随后沿飞行航迹在飞机达到高于起飞表面 120 m 之前，存在更临界的动力装置运转状态）处于按水面起飞航迹确定的 10.7 m 处的可用起飞功率（推力）状态。

（4）重量等于按水面起飞航迹确定的 10.7 m 时的重量。

4.1.2　水面起飞性能建议的专用条件内容

综合 4.1.1 节中的分析，水上飞机建议的专用条件内容如下：

1) 水上起飞决断速度 V_{1W}

V_{1W} 必须根据 V_{EFW} 制定如下：

（1）V_{EFW} 是假定在水上起飞时临界发动机停车时的校正空速，V_{EFW} 必须由申请人选定，但不得小于水面最小操纵速度 V_{MCW}。

（2）V_{1W} 是申请人选定的水上起飞决断速度，以校正空速表示，需满足：

a. V_{1W} 不得小于 V_{EFW} 加上在下述时间间隔内临界发动机不工作该飞机的速度增量，此时间间隔指从临界发动机失效瞬间至飞行员意识到该发动机停车并作出反应的瞬间，后一瞬间以飞行员在水面加速—停止试验中采取的收油门减速措施为准。

b. V_{1W} 不得超过 V_{1WMAX}。V_{1WMAX} 是飞机在水上起飞时可以安全中止起飞的最大速度。

2) 离水速度 V_{GW}

V_{GW} 是飞机开始离水的速度，V_{GW} 必须按照以下要求建立：

（1）按 V_{GW} 离水时，飞机离失速应有充分的裕度。

（2）从 V_{GW} 开始离水得到的飞机实际腾空速度 V_{LOFW} 不得超过 V_{MAXW}，V_{MAXW} 是飞机在水面能够安全可控的最大速度。

3) 水上起飞抬头速度 V_{RW}

V_{RW} 是在飞机离水后的抬头速度，以校准空速表示，必须按以下条件选定：

（1）V_{RW} 不得小于下列任一速度：

a. V_{1W}。

b. V_{LOFW}。

c. $1.05V_{MCA}$。

d. $1.03V_{SR}$。

e. 使飞机在高于起飞表面 10.7 m（35 ft）以前速度能达到 V_2 的某一速度。

（2）对于任何一组给定的条件（重量、重心、构型、温度和湿度），必须确定的同一个 V_{RW} 值来表明符合单发停车和全发工作两种起飞状态规定。

（3）必须表明，当采用比按本条（1）（2）制定的 V_{RW} 低 5 kn 的速度抬头时，单发停车起飞距离不超过与采用所制定的 V_{RW} 对应的单发停车起飞距离。

（4）服役中可预期的对于所制订的起飞操作程序的偏差，不会造成不安全的飞行特性，或者使按本专用条件 6）制订的预定起飞距离显著增加。

4) 水面加速—停止距离

水面加速—停止距离须完成下述两种距离中的较大者：

（1）静水中完成下述过程所需距离之和：

a. 全发工作情况下，飞机从滑跑始点加速到 V_{EFW}。

b. 假定临界发动机在 V_{EFW} 失效和飞行员在 V_{1W} 采取中止起飞的收油门措施，允许飞机从 V_{EFW} 加速到中止起飞期间所达到的最大速度；和

c. 从本条（1）b 款规定达到的速度至完全停止（速度 3 kn 左右）；加上

d. 相当于以 V_{1W} 滑行 2 s 的距离。

（2）静水中完成下列过程所需距离之和：

a. 全发工作情况下，假定飞行员在 V_{1W} 采取中止起飞的收油门措施，飞机从滑跑始点加速至中止起飞期间的最大速度；和

b. 全发仍工作情况下，从本条（2）a 款规定达到的速度至完全停止（速度 3 节左右）；加上

c. 相当于以 V_{1W} 滑行 2 s 的距离。

5）水面起飞航迹

（1）水面起飞航迹从静止点起延伸至下列两点中较高者：飞机起飞过程中高于起飞表面 450 m，或完成从起飞到航路形态的转变并达到 V_{FTO} 的一点。此外：

a. 起飞航迹必须基于 CCAR-25.101(f)款规定的程序。

b. 飞机必须在水面或近水面加速到 V_{EFW}，临界发动机必须在该点停车，并在起飞的其余过程中保持停车。

c. 在达到 V_{EFW} 后，飞机必须加速到 V_2。

（2）在按本条（1）确定的水面起飞航迹的过程中：

a. 水面起飞航迹空中部分的斜率在每一点上都必须是正的。

b. 飞机在达到高于起飞表面 10.7 m(35 ft)前必须达到 V_2，并且必须以尽可能接近但不小于 V_2 的速度继续起飞，直到飞机高于起飞表面 120 m 为止。

c. 从飞机高于起飞表面 120 m 的一点开始，沿起飞航迹每一点的可用爬升梯度不得小于 1.7%。

d. 直到飞机高于起飞表面 120 m 为止，除螺旋桨自动顺桨外，不得改变飞机的形态，而且飞行员不得采取动作改变功率或推力。

（3）起飞航迹必须由连续的演示起飞或分段综合法来确定。如果起飞航迹由分段法确定，则：

a. 分段必须明确定义，而且必须在形态、功率（推力）以及速度方面有清晰可辨的变化。

b. 飞机的重量、形态、功率(推力)在每一分段内必须保持不变,而且必须相应于该分段内主要的最临界的状态。

c. 飞行航迹必须基于无地面效应的飞机性能。

起飞航迹数据必须用若干次连续的演示起飞(直到飞机脱离地面效应而且其速度达到稳定的一点)来校核,以确保分段综合航迹相对于连续航迹是保守的。当飞机达到等于其翼展的高度时,即认为脱离地面效应。

6) 起飞距离

水陆两栖飞机在静水上起飞距离是下述情况中的较大者:

(1) 飞机按制定的起飞航迹,在静水面全发工作从起始点到飞机高于起飞表面 10.7 m(35 ft)一点所经过的水平距离的 1.15 倍。

(2) 飞机按制定的起飞航迹,在静水面从停止加速至 V_{EFW} 时临界发动机停车,并继续将加速至 V_2,临界发动机在其余过程保持停车状态,从起始点到飞机高于起飞表面 10.7 m(35 ft)一点所经过的水平距离。

7) 汲水距离

汲水距离为下述情况中的较大者:

(1) 飞机按照制定的汲水航迹,全发正常工作从高于汲水水面 15.2 m (50 ft)一点处,下降至水面完成汲水任务,并以汲水后的重量安全爬升至高于汲水水面 10.7 m(35 ft)一点所经过的水平距离。

(2) 飞机按照制定的汲水航迹,完成下述过程所需水平距离之和:

a. 全发工作从高于汲水水面 15.2 m(50 ft)一点处,下降至水面完成汲水任务,并以汲水后的重量加速至 V_{EFW}。

b. 假定临界发动机在 V_{EFW} 失效,在其余过程中发动机保持停车,飞行员操纵飞机继续安全爬升至 10.7 m(35 ft)的高度一点所经过的水平距离。

8) 中断汲水距离

中断汲水距离为完成下述两种情况距离中的较大者:

(1) 静水中完成下述过程所需距离之和:

a. 飞机按照制定的汲水航迹,全发工作从高于汲水水面 15.2 m(50 ft)一点处,下降至水面完成汲水任务,以汲水后的重量加速至 V_{1w},假定飞行员在 V_{1w} 采取中止起飞的收油门措施,允许飞机从 V_{1w} 加速到中止起飞期间所达到的最大速度;和

b. 全发仍工作情况下,从本条(1)a 款规定达到的速度至完全停止(速度 3 kn 左右);加上

c. 相当于以 V_{1W} 滑行 2 s 的距离。

（2）静水中完成下述过程所需距离之和：

a. 飞机按照制定的汲水航迹，全发工作从高于汲水水面 15.2 m（50 ft）一点处，下降至水面完成汲水任务，以汲水后的重量加速至 V_{EFW}。

b. 假定临界发动机在 V_{EFW} 失效和飞行员在 V_{1W} 采取中止起飞的收油门措施，允许飞机从 V_{EFW} 加速到中止起飞期间所达到的最大速度；和

c. 本条（2）b 款规定达到的速度至完全停止（速度 3 kn 左右）；加上

d. 相当于以 V_{1W} 滑行 2 s 的距离。

9）起飞爬升：单发停车

（1）离水到 10.7 m（35 ft）的起飞。在下列条件下，以沿飞行航迹［在飞机在 V_{RW} 和到达 10.7 m（35 ft）两点之间］的临界起飞形态，和以水上起飞所采用的形态（无地面效应），在速度 V_{RW} 的定常爬升梯度不得小于 0.5%：

a. 临界发动机停车，而其余发动机处于按水面起飞航迹规定的在速度为 V_{RW} 时的可用功率（推力）状态。

b. 重量等于按水面起飞航迹规定的速度为 V_{RW} 时的重量。

（2）10.7 m（35 ft）以上的起飞。在下列条件下，以水上起飞所采用的起飞形态（无地面效应），在速度 V_2 的定常爬升梯度不得小于 3%：

a. 临界发动机停车，而其余发动机（除非随后沿飞行航迹在飞机达到高于起飞表面 120 m 高度前，存在更临界的动力装置运转状态）处于按水面起飞航迹确定的 10.7 m（35 ft）处的可用功率（推力）状态。

b. 重量等于按水面起飞航迹确定的 10.7 m（35 ft）时的重量。

10）水面空速校准

空速指示系统必须加以校准，以确定水上起飞加速滑水过程中的系统误差（即指示空速和校准空速的关系）。进行水面滑水校准时，必须按照下列条件：

（1）对于批准的高度和重量范围，速度从 $0.8V_{GW}$ 或最小汲水速度两者中的最小值至 V_2 的最大值。

（2）襟翼位置和发动机功率（推力）的调定按本专用条件 5）条水面起飞航迹所确定的值，但假设临界发动机在 V_{1W} 最小值时失效。

（3）水面滑水校准必须在申请审定的整个推重比范围及起飞构型进行验证。

（4）水面滑水过程中喷溅不能对空速管系统产生不利影响。

（5）必须考虑在水面加速过程中的动态效应。

4.2　水面操纵性特殊适航要求

4.2.1　问题背景

水上飞机在水面起飞时，必须确定当发生临界发动机突然停车时，飞机能够保持操纵的最小速度，即水上最小操纵速度，作为制定水上起飞决断速度 V_{1w} 的重要基础。由于水上飞机在水面的运行环境相比于陆上运行环境更加复杂，同时飞机在水上起飞过程中，飞机受到的水动力和气动力变化明显，飞机运动状态变化剧烈，与在地面跑道上的起飞受力特点完全不同，因此需根据水陆两用飞机在水上起飞的动力学特性和运行环境特点，制定水上最小操纵速度的要求。

汲水装置是灭火型水上飞机特有的结构，汲水装置包括汲水斗、汲水管和水箱。整个汲水过程从飞机降落水面减速到汲水速度（120 km/h～150 km/h）后，控制飞机放下汲水斗，飞行员驾驶飞机保持稳定水面滑行，依靠飞机在水面滑行的速度产生的压力，使水通过汲水斗和汲水管进入水箱，当水箱充满水以后，水将通过溢水管排出水箱。在水箱汲满水后，飞行员操纵收起汲水斗，推油门使飞机加速起飞，汲水过程结束。

水上飞机在执行汲水任务时，飞机将在短时间内完成汲水任务。根据不同的汲水重量，在设计中已考虑各水箱的汲水顺序。在汲水过程中，飞机重量会发生较大变化，为保证在汲水斗放下进行汲水作业以及当汲水斗发生故障不能收起的特殊场景下的安全运行，需提出相应的水面喷溅特性和操稳特性的要求。

4.2.2　水面操纵性建议的专用条件内容

1）水上最小操纵速度 V_{MCW}

水上最小操纵速度 V_{MCW} 是飞机在水面滑行或近水面飞行的校正空速，在该速度下，当临界发动机突然停车时，能通过操纵舵面产生的气动力克服飞机发生的偏航、横滚和俯仰运动，使得采用正常的驾驶技巧就能够继续安全按照初始的航向起飞。V_{MCW} 必须按下列条件制定：

（1）飞机为正常水上起飞构型。

（2）发动机处于最大可用起飞功率（推力）状态。

（3）最不利的重心位置和起飞重量。

（4）飞机按起飞状态配平。

（5）必须考虑在失效发动机一侧存在与起飞航向成 90°、风速为 3 m/s 的正侧风的起飞条件。

2) 汲水时的喷溅特性、操纵性和稳定性

水陆两用飞机在汲水斗打开时进行水面滑行应满足 CCAR - 25.239(a)款的要求,且必须在下述条件下表明符合要求:

(1) CCAR - 25.239(b)款中规定的所有条件。

(2) 在水面滑行任意时刻,汲水斗收起系统突然故障。

4.3　投水的操纵特性特殊适航要求

4.3.1　问题背景

灭火型水上飞机具有投水灭火的用途。当飞机飞临火场上空时,由火场温度引起的上升气流有使飞机迎角无意间超过临界迎角的可能,从而引发失速的危险;同时,当飞机投水灭火的瞬间,飞机的重量重心急剧变化,由此带来投水过程中的操纵特性问题。

灭火型水上飞机装有投水灭火系统。可根据灭火需要,实现不同汲水量控制,投水舱门通过液压机构打开或关闭。

投水灭火时,投水速度为 230~250 km/h,高度(相对树梢)为 30~50 m。非正常投水允许使用的最大坡度为 30°。投水灭火典型任务剖面如图 4 - 4 所示。

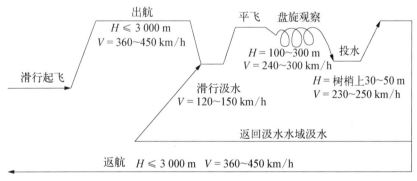

图 4 - 4　投水灭火典型任务剖面

由于飞机投水灭火的用途是非常规的,没有有关的适航规章,因此,为确保飞机执行投水灭火任务的飞行安全,特制定投水的操纵特性专用条件。

4.3.2　投水的操纵特性建议的专用条件内容

1) 正常投水的操纵特性

在正常投水全过程中,必须表明飞机在下列条件下不得出现任何危险的姿

态,并可以安全地操纵和安全地进行机动:

(1) 起落架在收起位置。

(2) 襟翼在灭火构型位置。

(3) 重量改变和重心改变的最不利组合。

(4) 投水时设定的功率。

(5) 所选定的飞行高度和速度。

(6) 可以合理预期的火场使用环境。

2) 非正常投水的操纵特性

必须在转弯期间的紧急投水状态下演示飞机具有满意的操纵特性,其飞行状态如下:

(1) 起落架在收起位置。

(2) 襟翼在灭火构型或航路构型位置。

(3) 重量改变和重心改变的最不利组合。

(4) 投水时设定的发动机功率。

4.4　空投救援飞行安全特殊适航要求

4.4.1　问题背景

水上飞机可以执行陆上和海面空投救援任务。当飞机执行空投救援任务时,飞机的重量和重心会发生一定的变化,空投舱门打开引起一定的气动干扰,因此需制定空投救援飞行安全专用条件,以确保飞机执行空投救援任务的安全性。典型的救援物品包括投物伞、十人救生筏和救生物品等。空投救援的专用条件主要考虑飞机在临界构型和飞行条件下进行空投时/空投后,飞机应安全可控;同时也要考虑空投物品脱离飞机后是否会对飞机造成损伤。

4.4.2　空投救援飞行安全建议的专用条件内容

(1) 飞机在正常空投救援全过程中,必须表明飞机在下列条件下不得出现任何危险的姿态,并可以安全地操纵和安全地飞行:

a. 起落架在收起位置。

b. 襟翼在空投救援构型位置。

c. 重量改变和重心改变的最不利组合。

d. 空投舱门在正常空投过程中所有可能的状态。

e. 空投飞行选定的功率。

f. 选定的飞行高度和速度。

（2）空投物品不得造成动力装置和机体结构的损伤。

5 水上飞机的适航符合性方法

在型号合格审查过程中,为了获得所需的证据资料以表明飞机设计对适航条款的符合性,申请人通常需要采用不同的方法,而这些方法统称为符合性验证方法(简称符合性方法)。根据航空器型号合格审定程序,符合性方法通常包括十种(见表5-1)。

表5-1 符 合 性 方 法

代 码	名 称	使 用 说 明
MC0	符合性声明	通常在符合性记录文件中直接给出。
MC1	说明性文件	如技术说明、安装图纸、计算方法、技术方案、航空器飞行手册等。
MC2	分析/计算	如载荷、静强度和疲劳强度计算,统计数据分析,与以往型号的相似性分析等。
MC3	安全评估	如功能危害性评估(FHA)、系统安全性分析(SSA)等用于规定安全目标和演示已经达到这些安全目标的文件。
MC4	试验室试验	如静力和疲劳试验、环境试验等。试验可能在零部件、分组件和完整组件上进行。
MC5	地面试验	如旋翼和减速器的耐久性试验、环境试验等。
MC6	飞行试验	规章明确要求或用其他方法无法完全演示符合性时采用。
MC7	航空器检查	如系统的隔离检查、维修规定的检查等。
MC8	模拟器试验	如潜在危险的失效情况评估、驾驶舱评估等。
MC9	设备合格性	设备的鉴定是一种过程,它可能包含上述所有的符合性方法。

5.1 水上飞机符合性验证的规划

5.1.1 适用适航要求

对于大型水上飞机的水面起降而言,CCAR-25-R4关于起飞和着陆/着水的相关通用适航条款依然适用,如 CCAR－25.105(b)(c)、CCAR－25.125 等,同时也适用于专门针对水上飞机水面起降的特殊适航条款,如 CCAR－25.231(b)、CCAR－25.237(b)、CCAR－25.239 以及专用条件等。

针对水陆两用飞机,其水面性能、操稳、特殊作业任务的部分相关适用适航条款及特殊适航要求如表 5－2 所示。

表 5－2　水面特性、操稳、特殊作业任务的相关适用适航条款及特殊适航要求

序号	条　款	标　题	备　注
1	CCAR－25.21(a)	证明符合性的若干规定	
2	CCAR－25.21(c)	证明符合性的若干规定	
3	CCAR－25.21(d)	证明符合性的若干规定	
4	CCAR－25.21(f)	证明符合性的若干规定	
5	CCAR－25.105(b)	起飞	
6	CCAR－25.105(c)(2)	起飞	
7	CCAR－25.105(d)(1)	起飞	
8	CCAR－25.125(a)(1)	着陆	
9	CCAR－25.125(b)(1)(2)(i)(3)(4)(5)	着陆	
10	CCAR－25.125(d)	着陆	
11	CCAR－25.125(f)	着陆	
12	CCAR－25.143(a)(1)(5)	总则	
13	CCAR－25.143(d)	总则	
14	CCAR－25.143(e)	总则	
15	CCAR－25.143(f)	总则	
16	CCAR－25.231(b)	纵向稳定性和操纵性	
17	CCAR－25.233(c)	航向稳定性和操纵性	
18	CCAR－25.237(b)	风速	
19	CCAR－25.239(a)	水面喷溅特性、操纵性和稳定性	
20	CCAR－25.239(b)	水面喷溅特性、操纵性和稳定性	
21	CCAR－25.239(c)	水面喷溅特性、操纵性和稳定性	
22	CCAR－25.1001(a)	应急放油系统	应急返场着水

（续表）

序号	条款	标题	备注
23	专用条件 F-1	水面起飞性能	水面起飞决断速度 V_{1W}
24	专用条件 F-1	水面起飞性能	离水速度 V_{GW}
25	专用条件 F-1	水面起飞性能	水面起飞抬头速度 V_{RW}
26	专用条件 F-1	水面起飞性能	水面加速—停止距离
27	专用条件 F-1	水面起飞性能	水面起飞航迹
28	专用条件 F-1	水面起飞性能	起飞距离
29	专用条件 F-1	水面起飞性能	汲水距离
30	专用条件 F-1	水面起飞性能	中断汲水距离
31	专用条件 F-1	水面起飞性能	起飞爬升：单发停车
32	专用条件 F-2	水面操纵性	水面最小操纵速度 V_{MCW}
33	专用条件 F-2	水面操纵性	汲水时的喷溅特性、操纵性和稳定性
34	专用条件 F-3	投水的操纵特性	
35	专用条件 F-4	空投救援飞行安全	

5.1.2 可接受的符合性方法

针对水上飞机其水面性能、操稳、特殊作业任务的相关适用适航条款及特殊适航要求，可接受的符合性方法如表5-3所示。

表5-3 可接受的符合性方法

适航条款	条款名称	符合性方法									
		0	1	2	3	4	5	6	7	8	9
CCAR-25.21(a)	证明符合性的若干规定	√									
CCAR-25.21(c)	证明符合性的若干规定	√									
CCAR-25.21(d)	证明符合性的若干规定	√									
CCAR-25.21(f)	证明符合性的若干规定	√									
CCAR-25.105(b)	起飞	√		√			√				
CCAR-25.105(c)(2)	起飞	√	√				√				
CCAR-25.105(d)(1)	起飞						√				
CCAR-25.125(a)(1)	着陆	√					√				
CCAR-25.125(b)(1)(2)(i)(3)(4)(5)	着陆	√	√				√				

（续表）

适 航 条 款	条 款 名 称	符合性方法									
		0	1	2	3	4	5	6	7	8	9
CCAR-25.125(d)	着陆		√					√			
CCAR-25.125(f)	着陆							√			
CCAR-25.143(a)(1)(5)	总则		√					√			
CCAR-25.143(d)	总则		√					√			
CCAR-25.143(e)	总则		√					√			
CCAR-25.143(f)	总则		√					√			
CCAR-25.231(b)	纵向稳定性和操纵性		√			√		√			
CCAR-25.233(c)	航向稳定性和操纵性		√					√			
CCAR-25.237(b)	风速		√					√			
CCAR-25.239(a)	水面喷溅特性、操纵性和稳定性		√			√		√			
CCAR-25.239(b)	水面喷溅特性、操纵性和稳定性		√					√			
CCAR-25.239(c)	水面喷溅特性、操纵性和稳定性		√					√			
CCAR-25.1001(a)	应急放油系统			√				√			
F-1 水上起飞决断速度 V_{1W}	水面起飞性能		√	√				√			
F-1 离水速度 V_{GW}	水面起飞性能		√	√		√		√			
F-1 水上起飞抬头速度 V_{RW}	水面起飞性能		√	√				√			
F-1 水面加速一停止距离	水面起飞性能		√	√				√			
F-1 水面起飞航迹	水面起飞性能		√	√				√			
F-1 起飞距离	水面起飞性能		√	√				√			
F-1 汲水距离	水面起飞性能		√	√				√			
F-1 中断汲水距离	水面起飞性能		√	√				√			
F-1 起飞爬升：单发停车	水面起飞性能		√					√			
F-2 水面最小操纵速度 V_{MCW}	水面操纵性			√				√			
F-2 汲水时的喷溅特性、操纵性和稳定性	水面操纵性		√					√			

（续表）

适 航 条 款	条 款 名 称	符合性方法									
		0	1	2	3	4	5	6	7	8	9
F-3 投水灭火操纵特性	投水的操纵特性			√				√				
F-4 空投救援飞行安全	空投救援飞行安全							√				

5.2　水上飞机水面性能操稳特性的计算分析方法

5.2.1　概述

针对 CCAR-25.105 起飞性能、专用条件 F-1 水面起飞性能（包括水面安全终止起飞的最大速度 V_{1WMAX}、离水速度 V_{GW}、水上起飞抬头速度 V_{RW}、水面加速停止距离、水面起飞航迹、水面起飞距离、汲水距离、中断汲水距离等）、专用条件 F-2 水面操纵性（水上最小操纵速度 V_{MCW} 等），可以采用计算分析的方法来表明符合性。

5.2.2　水面动力学模型

5.2.2.1　水面起降过程特点

在起飞滑行阶段，作用在飞机上的力包括重力、发动机推力、气动力和水动力等，如图 5-1 所示。在起飞前的滑行过程中，气动力和水动力随着飞机的速度、姿态和高度变化而变化。

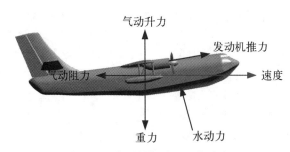

图 5-1　水面滑行时飞机的受力

整个水面起飞滑行过程可以分成如下 4 个阶段（见图 5-2）：

（1）第一阶段为浮航状态（$V=0\sim0.25V_0$，V_0 为离水速度）：主要由静浮力支撑船体质量，吃水较大，主要承受水的阻力。这一阶段的流体动力学特性类似于一般排水型船舶。

（2）第二阶段为过渡阶段（$V=0.25V_0 \sim 0.5V_0$）：速度增加，水动阻力也增大，此时飞机的纵倾角增加，开始抬头，且水动升力逐渐增加，吃水减小，此时阻力达到第一个峰值。此阶段空气动力仍较小。

（3）第三阶段为高速滑行状态（$V=0.5V_0 \sim 0.8V_0$）：随着速度的提高，气动升力增加，水动升力也增加，船体滑行于断阶处，吃水很小。此时后机身摩擦阻力比较大，一般会出现第二阻力峰。

（4）第四阶段为起飞前阶段（$V=0.8V_0 \sim 1.0V_0$）：随着速度的进一步增加，两个断阶离水，水动力消失，此时仅受气动力作用。

在整个水面滑行的运动过程中，由于水面波浪的存在，飞机处于水气交界处，流场特性较为复杂；此外，还需考虑地面效应对气动力的影响，因此此阶段气动力计算较为复杂。

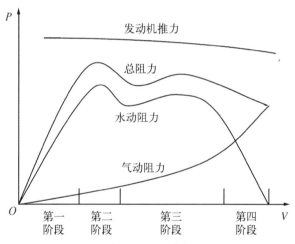

图 5-2　飞机水面滑行不同阶段的受力特性

水上飞机在水面上的降落过程与陆地上的降落过程类似，包括下滑减速阶段和着陆滑跑阶段。在水面降落着水瞬间，水上飞机的船式机身将受到水面的冲击。随着机身的吃水深度逐渐变大，水阻力逐渐增大，飞机在水面上减速滑行，此时的受力特点与起飞滑行段类似，直到飞机停止运动。

5.2.2.2　平静水面的水动力和力矩

在滑水运动过程中，飞机的姿态时刻变化，故其纵倾角和沾湿面积都是时间的函数，且这些参数的变化都会影响飞机的水动力和力矩。通过水洞试验或数值计算可得到飞机在滑行中所受的水动力和力矩。从 20 世纪 30 年代开始就有关于船体水面滑行的水动力研究,基于不同船体的大量试验数据可以得到经验公式,通过经验公式能得到较为理想的估算结果。下面给出了一种水上飞机水面滑行时的水动力和力矩的计算方法。

1) 纵向

(1) 升力。

当船底斜角 β 不变时(见图 5-3),船体受到的水升力 L 估算公式如式(5-1):

$$L = \frac{1}{2}\rho V_s^2 B^2 (C_{L_0} - 0.006\,5\beta C_{L_0}^{0.6}) \tag{5-1}$$

当 $Fr_B \leqslant 10$ 时,有

$$C_{L_0} = \theta_0^{1.1}(0.012\lambda^{0.5} + 0.005\,5\lambda^{2.5}/Fr_B^2) \tag{5-2}$$

当 $Fr_B > 10$ 时,有

$$C_{L_0} = 0.012\lambda^{0.5}\theta_0^{1.1} \tag{5-3}$$

式中:ρ 为水的密度;V_s 为船体的水平速度;B 为船体宽度;C_{L_0} 为 $\beta = 0$ 时的水升力系数;θ_0 为飞机的纵倾角;$Fr_B = V_s/\sqrt{gB}$ 为弗劳德数(表示惯性力与重力之比);g 为重力加速度;λ 为存在喷溅下的平均浸润长宽比。船体相关参数如

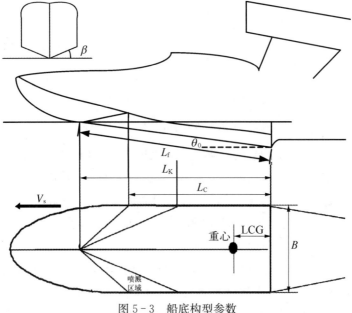

图 5-3 船底构型参数

图 5-3 所示，L_K 为船底吃水的龙骨长度；L_C 为吃水的舭龙骨长度；L_f 为飞机机身船形底部的长度。

从式(5-2)和式(5-3)可知船体的水升力系数与 $\theta_0^{1.1}$ 有关，当 $\theta_0 < 0$ 时没法计算升力系数，因此当 $L_K > L_f$ 时，取 θ_1 代替 θ_0：

$$\theta_1 = \theta_0 + (L_w - L_f)f_3 \tag{5-4}$$

式中：f_3 为与船首构型相关的参数；L_w 为龙骨实际浸湿长度；L_f 为龙骨直线部分长度；θ_1 为艏部着水情况下，对纵倾角 θ_0 的修正。

(2) 阻力。

当水上飞机在水面滑行时，船底可视为一块在水中滑行的平板，如图 5-4 所示。忽略水的喷溅时船体的水阻力 D_w 为

$$D_w = D_p + D_f/\cos\theta_0 \tag{5-5}$$

式中：$D_p = L\tan\theta_0$；$D_f = 0.5C_f\rho V_1^2(\lambda B^2)/\cos\beta$；$C_f = 0.072/\lg(Re)^{2.58}$；$V_1 = V_s\left(1 - \dfrac{2p_d}{\rho V_s^2}\right)^{0.5}$；$p_d = L_w/(\lambda b^2\cos\theta)$；$D_p$ 为垂直于平板的压力在水平方向的分力；D_f 为摩擦阻力；C_f 为摩擦系数；V_1 为平板底部的平均流速；Re 为雷诺数。

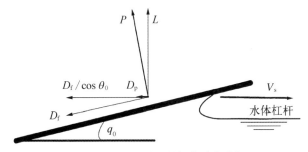

图 5-4 二元平面滑行水动力分析

当水上飞机的水面滑行速度较高时，船体喷溅带来的附加阻力可达总的水阻力的 15% 左右，此时喷溅阻力可通过式(5-6)估算：

$$R_s = \frac{1}{2}\rho V_s^2 \frac{b^2\cos\dfrac{\theta}{\cos\beta}}{4\sin(2\alpha)\cos\beta}C_{f_s} \tag{5-6}$$

式中各参数计算公式为

当 $Re_{ws} < 1.5 \times 10^6$ 时，有

$$C_{f_s} = 1.328 / \sqrt{Re_{ws}} \tag{5-7}$$

当 $Re_{ws} \geqslant 1.5 \times 10^6$ 时,有

$$C_{f_s} = \frac{0.074}{\sqrt[5]{Re_{ws}}} - \frac{4\,800}{Re_{ws}} \tag{5-8}$$

其中:
$$Re_{ws} = VL_{ws}\rho/\mu;$$

$$L_{ws} = \frac{1}{2} \times \frac{b/2}{\sin(2\alpha)\cos\beta};$$

$$\alpha = \arctan(0.5\pi\tan\theta_0/\tan\beta)$$

式中:L_{ws} 为水花喷溅的特征长度;Re_{ws} 为平板喷溅流动的雷诺数;C_{f_s} 为摩擦系数;b 为船身的浸湿宽度;μ 为水的黏性系数。

综上,得到船体水面滑行的水阻力为

$$D_w = D_p + D_f/\cos\theta_0 + R_s \tag{5-9}$$

(3) 俯仰力矩。

水上飞机在水面滑行时,机体受到的水压力分布如图 5-5 所示,水压力主要来自机体前端,机体水动力的作用点(压心)位置到水上飞机船形机体底部断阶处的距离为

$$l_p = \left(0.75 - \frac{1}{5.21Fr_B^2/\lambda^2 + 2.39}\right)\lambda B \tag{5-10}$$

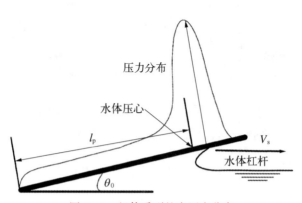

图 5-5 机体受到的水压力分布

得到飞机受到的水动力及其作用点后,就可以得到水动力对飞机的俯仰力矩

$$M_w = (P + R_s \sin\theta_0)l_x - (D_f + R_s \cos\theta_0)l_z \tag{5-11}$$

式中：$P = L/\tan\theta_0$ 为水动力；$l_x = l_p - x_{cg}$ 为水动力作用点(COWP)到飞机重心(COG)沿 x 轴的距离；l_z 为水动力作用点到飞机重心沿 z 轴的距离；x_{cg} 为飞机重心离断阶的距离，如图 5-6 所示。

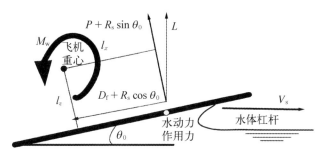

图 5-6 水压力对船体的俯仰力矩

（4）俯仰阻尼力矩。

当船体[①]在水面上运动存在俯仰角速度时，水的作用会对其俯仰运动产生阻尼力矩。水面对船体的俯仰阻尼力矩主要由水对船体的冲击力产生，当船体前端（或后端）向下运动时，水面将对船首（或船尾）产生向上的冲击力，产生与俯仰角速度相反的俯仰力矩。估算水对船体产生的俯仰阻尼力矩的关键是估算船体进行俯仰运动时受到的水面冲击力。此时可将船体简化成楔形体（见图 5-7），利用楔形体的水面冲击力估算方法得到船体的水面冲击力。

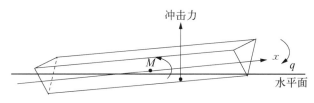

图 5-7 俯仰阻尼力矩产生机理

冯卡门基于动量守恒定理和附加质量（流体惯性阻力与船体加速度的比例系数）概念，对水上飞机浮筒的着水冲击力进行了研究。通过简化分析，可以估算水上飞机降落着水时水面对机身的冲击力。

估算船体的冲击力时，将飞机的船形机身简化成楔形体，机身下沉速度为

---

① 此处船体及其他相关概念沿用船舶中的定义。

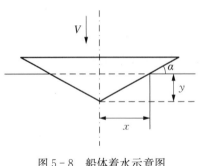

V,进入水下的深度为 y, x 为机身侵入水面宽度的 $1/2$,船底楔形角为 α,如图 $5-8$ 所示。

根据动量定理,得到船底的冲击力(P)计算方法如下:

图 $5-8$　船体着水示意图

$$P = \frac{W}{g}\frac{\mathrm{d}^2 y}{\mathrm{d}t^2} = \frac{V_0^2 \cot \alpha}{\left(1 + \dfrac{\rho g \pi x^2}{2W}\right)^3}\rho\pi x$$

$$(5-12)$$

式中:W 为飞机质量;V_0 为机身接触水面瞬间飞机的下沉速度。

显然,飞机机身受到水的垂直冲击力随着机身的吃水深度变化而变化。通过式($5-12$)简化估算,可得到水上飞机降落时机身的水面冲击力,再基于机身的水动力及飞机的气动力,即可对水上飞机在水面的降落过程进行数学仿真计算。

2)横航向

水上飞机在水面上滑行时,由于操纵需要(如转弯等)或受到外界环境的影响(如侧风等),飞机在水面滑行时将存在滚转和侧滑,此时除了产生横航向空气动力和力矩外,也将产生横航向水动力和力矩。下面将介绍存在滚转角和侧滑角时飞机受到的水动力和力矩,包括水对船身产生的侧力、滚转力矩和偏航力矩。

(1)滚转角 ϕ 产生的水动力侧力、滚转力矩和偏航力矩。

第 1 章的 1.2 节中对侧风下飞机存在滚转角时产生的水动力和力矩进行了说明。存在滚转角时,飞机两侧浮筒的吃水深度将不同,此时两侧浮筒的水动升力和水动阻力也不同,进而产生滚转力矩和偏航力矩。此时,由于水动力对船身及浮筒产生的侧力较小,因此可以忽略。

由于浮筒的外形与船底的外形较为相似,因此浮筒的水动升力和水动阻力计算与船身的水动升力和水动阻力计算方法类似,可通过估算得到,进而估算得到飞机存在滚转角时的水动力和力矩。

(2)侧滑角 β 产生的水动力侧力、滚转力矩和偏航力矩。

水上飞机在水面滑行存在侧滑角 β 时,水流对船体机身和浮筒将产生力和力矩。以左侧滑为例,此时船体左舷受到水流的冲击力增大,出现一个作用于船

体重心前方的侧力 Y，该侧力将产生一个向右的偏航力矩，如图 5-9 所示。此外，左舷的水流还将产生一个升力，进而产生一个滚转力矩，但由于该升力距船体对称面很近，因此该滚转力矩很小，可以忽略。

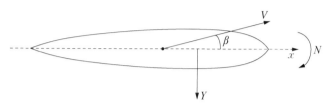

图 5-9　左侧滑时的水动力和力矩

　　船体在水面侧滑时，侧力和偏航力矩可通过简化估算得到。将船体的速度分解，得到侧向速度为 $V\sin\beta$，此时可将船体简化为一块在水面滑行的平板，船体受到水流的压力大小及作用位置可参照前文介绍的升力和阻力估算方法得到，进而得到偏航力矩。

　　（3）偏航阻尼力矩。

　　船体在水面转弯滑行时，存在偏航角速度 r，此时水面将对船体产生偏航阻尼力矩。同样，通过简化可将该偏航阻尼力矩估算出来。将船体视为楔形体，当船体存在偏航角速度时，通过估算楔形体左右两侧受到的水动力，即可得到偏航阻尼力矩。以右偏航为例（见图 5-10），船体前半段受到向左的水动力，船体后半段受到向右的水动力，进而形成与偏航角速度相反的偏航阻尼力矩。船体受到的水动力可通过前文介绍的阻力估算方法得到。

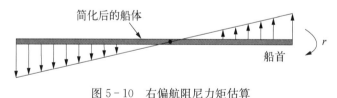

图 5-10　右偏航阻尼力矩估算

5.2.2.3　有波浪时船体的水动力和力矩

　　当水上飞机在波浪上滑行时，船形机体受波浪的扰动将产生摇荡运动。由于海浪情况复杂，因此所引起飞机的运动也是复杂多变的，且飞机运动是几种运动的叠加，即飞机在水面上的运动是互相耦合的。此外，船体的运动对周围的流体产生了扰动，改变了船体周围流体的速度场和压力场。波浪经过船体时，改变了船体的浸润面积，使其浮力和作用点发生变化。基于上述因素，要建立一个精确的船体在波浪上的运动模型是相当困难的。

一般在研究船体在波浪中的摇荡时,做如下假设:

(1)船体在波浪中的摇荡运动是相互独立的。

(2)波浪是微幅平面进行波,即波高相对波长是小量,且流体不可压缩、无黏性。

(3)船体的摇荡幅值是微幅的。

基于上述假设,可以将问题大大简化,分别独立地讨论各个自由度的摇荡运动。

船体在波浪上运动的受力是较为复杂的,但是在上述假设下可以认为作用在船体上的力均可表示为船离其平衡位置的位移、摇荡速度和加速度的线性函数,并且各种力是相互独立的。这样,可以对作用在船上的各种力分别进行研究。在研究波浪扰动力(矩)时,只考虑波浪对静止船体的作用,而忽略船的运动对波浪的影响;研究船运动引起的各种力(矩)时,忽略波浪扰动的影响。最后,通过线性叠加原理得到总的力(矩)。

下面分别介绍规则正横波对船体的横摇力矩、迎浪时船体的升沉扰动力和纵摇力矩的计算方法。若船体与波浪传播方向存在一定角度,则须将波浪分解成正横波及迎浪波。

1)船舶在规则正横波中的线性横摇扰动力矩

所谓正横波是指船的航行方向与波浪传播方向成90°。在计算波浪对船体的横摇力矩时,引入以下假设:

(1)作用在船体上的规则正横波是稳定的平面进行波。

(2)船体的存在不影响波浪质点的运动。

(3)船处在正横波上,其横向尺寸(宽度、吃水)与波长相比是小量。

(4)不考虑阻尼及附加质量。

由于认为船的横向尺度相对波长很小,因此可以把船看成波内同体积的一块水,它的重心随之运动,同时做横摇运动。图5-11表示船在正横波中的一个瞬间,船体倾斜角为φ,此时船体的排水体

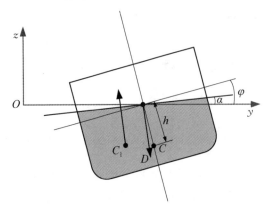

图5-11 规则正横波下船体的受力

积如阴影部分所示。根据波面下的压力梯度与净水中相同的假设,这时船体的浮心移动到 C_1。

正横波的波面角(α)的计算方程如式(5-13):

$$\alpha = \alpha_0 \sin(ky + \omega t) \tag{5-13}$$

式中: α 为波面角; α_0 为最大波面角; k 为波数(2π 间距内的波个数); ω 为波的圆频率。

于是得到摇荡波浪的主扰动力矩(M_φ)如式(5-14):

$$M_\varphi = Dh\alpha_0 \sin(\omega t) \tag{5-14}$$

式中: h 为船体的横稳心高。

考虑到船宽和吃水有限性对横波主扰动力矩的影响,引入波面角修正系数,修正后得到的横摇波浪主扰动力矩为

$$M_{\varphi_e} = Dh\alpha_{e_0} \sin(\omega t) \tag{5-15}$$

式中: $\alpha_{e_0} = X_\varphi \alpha_0$,称为有效波面角振幅。

2) 船舶在规则波中迎浪的升沉和纵摇

在计算正横波对船的横摇扰动力时,由于船宽比波长小很多,所以用波面角的概念能够比较方便地求出扰动力矩。但是对于升沉和纵摇运动来说,船长与波长是可以比较的量。因此计算升沉扰动力矩和纵摇扰动力矩要相对复杂。

根据前文假设,波浪中的压力梯度等于静水中的压力梯度,计算得到的船体各部分波面下的静浮力与静平衡水线下静浮力之差即为波浪扰动力,但须进行修正。

取船体沿纵轴的一微元体(见图5-12),此微元体由于波浪引起的浮力增量($\mathrm{d}F_{zz}$)为

$$\mathrm{d}F_{zz} = 2\rho g y_\mathrm{w}(x_b) \zeta \mathrm{d}x_b \tag{5-16}$$

式中: $y_\mathrm{w}(x_b)$ 为 x_b 处微元体在水线处的半宽; ζ 为波高。沿着船长积分得到总的浮力增量,即

$$F_{zz} = 2\rho g \int_L y_\mathrm{w}(x_b) \zeta \mathrm{d}x_b \tag{5-17}$$

实际上波浪中动力压力梯度与静水压力梯度不同,因此要对式(5-17)中的升沉扰动力进行修正,主要是对波高进行修正,得到修正浮力增量(F_{zz}^*)如下:

$$F_{zz}^{*} = 2\rho g \int_{L} y_{\mathrm{w}}(x_b) \zeta^* \, \mathrm{d}x_b \qquad (5-18)$$

修正后的波高 ζ^* 计算公式详见相关文献[①]。

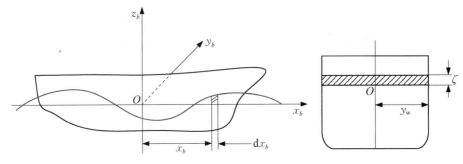

图 5 - 12　迎浪时船体受力示意

将上面所求的各微元体的升沉扰动力对 y 轴取矩,然后沿船长积分,并考虑纵倾角 θ 的正方向,得到纵摇扰动力矩为

$$M_{\theta\theta}^{*} = -2\rho g \int_{L} y_{\mathrm{w}}(x_b) \zeta^* x_b \, \mathrm{d}x_b \qquad (5-19)$$

若已知船形参数以及波浪的波面方程,则对式(5 - 18)和式(5 - 19)进行数值积分,即可近似求得迎浪时船体的升沉扰动力和纵摇扰动力。

5.2.3　水面特征速度的计算分析方法

本节给出了专用条件 F - 1 和 F - 2 中要求的计算分析方法,并以某型水陆两用飞机为例,给出了相应的计算分析算例。

5.2.3.1　水面起飞的相关特征速度

为了保证水陆两用飞机安全离水和起飞,与水上起飞有关的各种特征速度及其互相之间的关系必须满足一定的要求,使得水陆两用飞机有充分的机动裕度,离水后有充分的爬升能力,以及单发失效时有充分的操纵能力。根据专用条件 F - 1 和 F - 2 的要求及参考相关适航资料,确定水上起飞各特征速度具有如图 5 - 13 所示关系。

5.2.3.2　水上起飞特征速度计算

1) 水上最小操纵速度

水上最小操纵速度(V_{MCW})是飞机在水上滑行或近水上飞行的校正空速,在

---

①　李积德. 船舶耐波性[M]. 哈尔滨:哈尔滨工程大学出版社,2007.

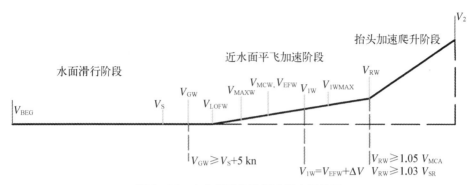

图 5 - 13　水上起飞各特征速度之间关系

该速度,当临界发动机突然停车时,能通过操纵舵面产生的气动力克服飞机发生的偏航、横滚和俯仰运动,采用正常的驾驶技巧就能够继续安全地按照初始的航向起飞。根据水上飞机操纵特点,水上最小操纵速度为水上滑行速度和近水面空中飞行速度中的较大者。

根据水陆两用飞机水面操纵性专用条件 F - 2, V_{MCW} 必须按下列条件确定:

(1) 飞机为正常水上起飞构型。

(2) 发动机处于最大可用起飞功率(推力)状态。

(3) 最不利的重心位置和起飞重量。

(4) 飞机按起飞状态配平。

(5) 必须考虑在失效发动机一侧存在与起飞航向成 90°、风速为 3 m/s 的正侧风的起飞条件。

在飞机水上滑行起飞过程中,过阻力峰后保持滑行姿态至离水。临界发动机失效后,左右发动机拉力的不平衡力矩使飞机向失效发动机一侧偏航,如图 5 - 14 所示。若水上最小操纵速度为空中速度,因为飞机刚升离水

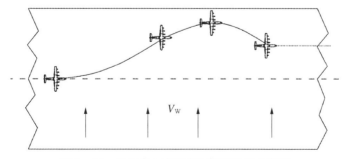

图 5 - 14　飞机水上或近水面侧滑轨迹示意图

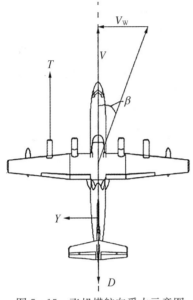

图 5-15 飞机横航向受力示意图

面,因此不允许飞机单发失效后发生横滚。此时最小操纵速度可参考 V_{MCA} 计算方法进行计算。

为简化计算模型,在计算水上滑行最小操纵速度时,不考虑发动机失效后飞机到达平衡的运动过程,只对飞机达到的平衡状态进行分析,飞机具有横航向纠偏能力。

假定飞机在水上以速度 V 滑行,侧滑角为 β,$90°$ 侧风风速为 V_{W}。飞机横航向受力如图 5-15 所示。

根据飞机横航向三自由度平衡原理,可得体轴系单发停车平衡方程如式(5-20):

$$\begin{cases} C_Y(\alpha,\ \beta,\ T_c) + \Delta C_{Y,\delta_r}(\alpha,\ \beta,\ \delta_r) + \Delta C_{Y,\delta_a}(\alpha,\ \beta,\ \delta_a) = -C_{Y_0} \\ C_l(\alpha,\ \beta,\ T_c) + \Delta C_{l,\delta_r}(\alpha,\ \beta,\ \delta_r) + \Delta C_{l,\delta_a}(\alpha,\ \beta,\ \delta_a) + C_{l,T} = -C_{l_0} \\ C_n(\alpha,\ \beta,\ T_c) + \Delta C_{n,\delta_r}(\alpha,\ \beta,\ \delta_r) + \Delta C_{n,\delta_a}(\alpha,\ \beta,\ \delta_a) + C_{n,T} = -C_{n_0} \end{cases}$$

$$(5-20)$$

式中:飞机横航向静导数有 C_{Y_0}、C_{l_0}、C_{n_0}、C_Y、C_l、C_n,操纵导数有 C_{Y,δ_r}、C_{Y,δ_a}、C_{l,δ_r}、C_{l,δ_a}、C_{n,δ_r}、C_{n,δ_a};$C_{l,T}$ 和 $C_{n,T}$ 为右外发动机单发停车引起的滚转力矩和偏航力矩,T_c 为拉力系数,拉力系数定义如式(5-21):

$$T_C = \frac{NT_{\text{single}}g}{\frac{1}{2}\rho V^2 S} \qquad (5-21)$$

式中:N 为发动机工作台数;g 为重力加速度。

对于给定的飞行状态,上述方程中有 β、δ_a、δ_r 和 ϕ 四个未知量,用牛顿-拉夫逊方法迭代求解 β、δ_a 和 δ_r。确定最终的 V_{MCW} 可根据情况选取无侧滑时的值或最小 V_{MCW} 的计算结果。对于舵偏超过最大偏度的情况,提高计算速度重新计算。

近水面加速阶段不允许飞机发生横滚,各起飞重量下近水面飞行最小操纵速度均大于离水速度 V_{LOFW},因此水上最小操纵速度 V_{MCW} 取近水面飞行最小操纵速度。

2) 离水速度

离水速度 V_{GW} 是飞行员可以操纵飞机安全离水的速度。根据水上飞机水上运动的特点,该速度主要受到水上滑行上稳定边界和失速速度限制。从图 5-16 中可以看出,水上飞机加速到上边界的离水点为飞机开始离水的速度点,加速到下边界的最大离水点为飞机的最大离水速度点。

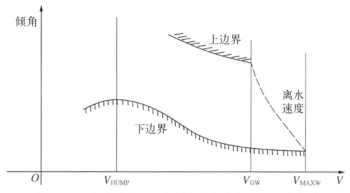

图 5-16 离水速度 V_{GW} 与最大离水速度 V_{MAXW} 示意图

水陆两用飞机滑行开始离水时的受力示意图如图 5-17 所示。

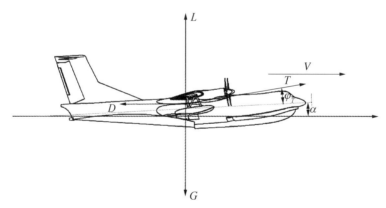

图 5-17 水陆两用飞机滑行开始离水时受力示意图

根据飞机离水瞬间作用力的平衡关系可得

$$V = \sqrt{\frac{2[G - T\sin(\alpha + \varphi_T)]}{C_L \rho S}}$$

式中：G 为飞机重力(N)；T 为发动机总拉力(N)；α 为飞机水上滑行迎角(°)；φ_T 为发动机拉力线与机身夹角,5°；C_L 为飞机离水姿态角对应的升力系数；ρ 为空气密度,1.225 kg/m³;S 为机翼面积。

根据水陆两用飞机水动模型试验结果,可以确定飞机离水上边界最大姿态角为 ψ_{max},下边界最小姿态角为 ψ_{min}。如该边界小于水上起飞失速时的机身迎角即可使用。

V_{GW} 是飞机开始离水的速度,V_{GW} 必须按照以下要求建立:

(1) 按 V_{GW} 速度离水时,飞机离失速应有充分的裕度。

(2) 从 V_{GW} 开始离水得到的飞机实际腾空速度 V_{LOFW} 不得超过 V_{MAXW}。V_{MAXW} 是飞机在水面能够安全可控的最大速度。

参考 CCAR - 25.207 的要求,为保证飞机离水后的安全性,防止飞机发生失速,离水速度 V_{GW} 与失速速度应保留一定的安全裕度。

3) 离水腾空速度

计算方法同离水速度的计算,水陆两用飞机安全起飞时有姿态角 ψ 的范围限制。在此姿态范围达到离水腾空速度后自然离水,因此离水腾空速度 V_{LOFW} 为对应离水姿态的一系列离散点。根据上一节受力平衡计算公式计算得到不同起飞重量的离水腾空速度 V_{LOFW}。

4) 水上起飞决断速度与临界发动机失效速度

水上起飞决断速度 V_{1W} 定义为当发生紧急情况时,可以中断起飞的最大速度。在该速度下若临界发动机失效,则飞行员可以安全地继续起飞或中断起飞,中断起飞的距离和继续起飞的距离都不会超过可用的水域长度。当速度超过 V_{1W} 时,飞行员必须继续滑跑起飞。

V_{1W} 必须根据 V_{EFW} 确定:

(1) V_{EFW} 是假定在水上起飞时临界发动机失效时的校正空速,V_{EFW} 必须由申请人选定,但不得小于按专用条件 F - 2 中确定的 V_{MCW}。

(2) V_{1W} 是申请人选定的水上起飞决断速度,以校正空速表示,需满足如下条件:

a. V_{1W} 不得小于 V_{EFW} 加上在下述时间间隔内临界发动机不工作时该飞机的速度增量,此时间间隔指从临界发动机失效瞬间至飞行员意识到该发动机失效并做出反应的瞬间(不小于 1 s),后一瞬间以飞行员在水上加速—停止试验中采取的收油门减速措施为准。

b. V_{1W} 不得超过 V_{1WMAX}。V_{1WMAX} 是飞机在水上起飞时可以安全中止起飞的最大速度,即

$$V_{1WMAX} \geqslant V_{1W} \geqslant V_{EFW} + \Delta V$$

式中：$\Delta V = a\Delta t$，对于民用飞机一般假定 $\Delta t = 1\ s$，a 为临界发动机失效时的加速度。

根据临界发动机失效速度的 $V_{EFW} \geqslant V_{MCW}$ 的要求，选定 V_{EFW} 并计算 V_{1W}。

5）最大安全终止速度

V_{1WMAX} 是考虑操纵性或结构安全条件下，飞机在水上起飞时可以安全中止起飞和安全着水的最大速度，该速度是水上起飞决断速度 V_{1W} 的最大值。

V_{1WMAX} 主要考虑飞机结构强度所能承受的范围。水陆两用飞机机身结构强度依据船体断阶处龙骨水动限制载荷乘以 1.5 倍安全系数进行设计。

船体龙骨处着水压力计算公式可参考 CCAR - 25.533 中的计算公式，逆向计算水陆两用飞机的 V_{1WMAX}。

龙骨处压力（P）计算公式如式（5 - 22）：

$$P = C_2 \times \frac{K_2 V^2}{\tan\beta_k} \tag{5 - 22}$$

式中：C_2 为确定局部压力经验系数，$C_2 = 55.40$（内海）；V 为着水速度，m/s；β_k 为断阶龙骨处的斜升角；K_2 为压力沿船身纵向分布经验系数，断阶处 $K_2 = 1$，如图 5 - 18 所示。

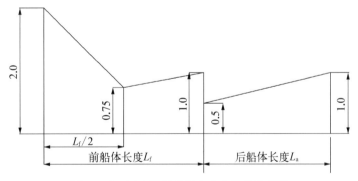

图 5 - 18　压力沿船身纵向分布的经验系数

即有

$$V_{1WMAX} = \sqrt{\frac{P_{MAX} \times \tan\beta_k}{C_2 \times K_2}} = 60\ m/s$$

因此水陆两用飞机最大安全终止速度 $V_{1WMAX} = 60\ m/s$。

6) 水上起飞抬头速度

水上起飞抬头速度 V_{RW} 是飞行员驾驶飞机从水上起飞主动拉杆爬升的速度,从该速度爬升到 10.7 m 时,飞机速度不低于 V_{2MIN}。对于水陆两用飞机从水上起飞,V_{RW} 可能是一个空中速度,因此,该速度不仅与决断速度 V_{1W} 有关,还必须考虑其与 V_{MCA} 的关系。

V_{RW} 是在飞机离水后的抬头速度,以校准空速表示,必须按以下条件选定:

(1) V_{RW} 不得小于下列任一速度:V_{1W}、V_{LOFW}、$1.05V_{MCA}$、$1.03V_{SR}$。

(2) 使飞机在高于起飞表面 10.7 m(35 ft)以前速度能达到 V_2 的某一速度。

(3) 对于任何一组给定的条件(重量、重心、构型、温度和湿度),必须确定同一个 V_{RW} 值来表明符合单发停车和全发工作这两种起飞状态的规定。

飞机离水腾空到达安全起飞速度的过程分为离水到水上起飞抬头的近水面加速阶段和抬头加速爬升到起飞安全速度阶段,具体如下:

(1) V_{LOFW}—V_{RW} 段

飞机离水腾空 V_{LOFW} 到水上起飞抬头 V_{RW} 的近水面加速阶段,此阶段控制升降舵使飞机保持 5°的离水姿态角 2 s,然后调整俯仰角到 3°并保持姿态不变,近水面加速到抬头速度 V_{RW}。

飞机在垂直平面内无侧滑飞行,受力如图 5-19 所示。

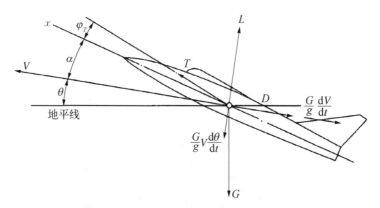

图 5-19 垂直平面内无侧滑飞行受力示意图

运动力学方程如下:

a. 速度方向:

$$m\frac{dV}{dt} = T\cos(\alpha + \varphi_T) - D - G\sin\theta \qquad (5-23)$$

b. 速度垂直方向：

$$mV\frac{\mathrm{d}\theta}{\mathrm{d}t} = T\sin(\alpha + \varphi_T) + L - G\cos\theta \tag{5-24}$$

飞机作等速直线爬升时，$\dfrac{\mathrm{d}V}{\mathrm{d}t} = 0$ 且 $\dfrac{\mathrm{d}\theta}{\mathrm{d}t} = 0$，即有

$$\begin{cases} G\sin\theta = T\cos(\alpha + \varphi_T) - D \\ G\cos\theta = T\sin(\alpha + \varphi_T) + L \end{cases} \tag{5-25}$$

爬升梯度定义为爬升角 θ_{cl} 的正切，即有爬升梯度计算公式为

$$\tan\theta_{\mathrm{cl}} = \frac{T\cos(\alpha + \varphi_T) - D}{T\sin(\alpha + \varphi_T) + L} \tag{5-26}$$

在飞机近水面加速阶段，飞行员进行操控使飞机保持规定姿态角，插值得到气动升阻力系数，取 $\Delta t = 0.1\,\mathrm{s}$，从离水腾空开始向后积分，得到飞机的飞行轨迹和各时刻的飞行状态参数。

(2) V_{RW}—V_2 段

飞机抬头加速爬升到起飞安全速度阶段，根据陆上起飞抬头加速爬升的特点，同样选取此阶段飞机以 $2°\sim3°$ 的抬头速率加速爬升，即 $(\mathrm{d}\psi/\mathrm{d}t)R = 3°/\mathrm{s}$，抬头加速爬升到起飞安全高度 10.7 m。

根据 CCAR-25.107(b) 款规定，最小安全起飞速度 $V_{2\mathrm{MIN}}$ 以校正空速表示，不得小于：

i) $1.13V_{\mathrm{SR}}$，用于：

(i) 双发和三发涡轮螺旋桨和活塞发动机飞机；

(ii) 无措施使一台发动机不工作带动力失速速度显著降低的涡轮喷气飞机；

ii) $1.08V_{\mathrm{SR}}$，用于：

(i) 三发以上的涡轮螺旋桨和活塞式发动机飞机；

(ii) 有措施使一台发动机不工作带动力失速速度显著降低的涡轮喷气飞机；

iii) $1.10V_{\mathrm{MCA}}$，V_{MCA} 按第 25.149 条确定。

在水陆两用飞机水面起飞性能专用条件 F-1 中，规定 V_{RW} 不得小于 $V_{1\mathrm{W}}$、V_{LOFW}、$1.03V_{\mathrm{SR}}$ 和 $1.05V_{\mathrm{MCA}}$ 中的任意一个速度，假设 $V_{\mathrm{R_0}}$ 为 V_{RW} 的初始值，取四者中最大值。

根据 CCAR‐25.121 条规定,起落架在收起位置时起飞,在速度 V_2 时的定常爬升梯度对于四发飞机不得小于 3.0%,即选取 $V_{RW} = V_{R_0}$ 向上搜索满足要求的 V_{RW}。通过积分叠加计算 V_{RW}—V_2 段,分别得到全发工作和单发停车两种状态下满足专用条件(F‐1)要求:$h = 10.7$ m 时,$V_2 \geqslant V_{2MIN}$,且 V_2 的定常爬升梯度不小于 3.0%。

5.3 水上飞机特殊模型试验方法

5.3.1 概述

模型试验是指利用相似缩比模型在水池中或开阔水面环境中进行的拖拽试验,主要研究水上飞机在水上滑行和起降过程中受到水动力、空气动力的飞机水面起降特性和水面喷溅特性等。目前,针对 CCAR‐25.231(b)款水面稳定性边界、CCAR‐25.239(a)款水面喷溅特性等条款的要求,考虑到试飞风险以及对特殊试验条件的验证需求,可以考虑采用实验室模型试验的方式,即 MC4 方法进行符合性表明或辅助符合性表明。但其前提是确定相似性准则,充分分析和说明模型尺度效应的影响,确保模型试验结论能够代表真机特性。

下文以喷溅试验为例,说明模型试验的具体设施、设备、方法和步骤。

5.3.2 模型试验的设施和设备

以模型喷溅试验为例,其试验目的是通过缩比模型喷溅试验,测试水上飞机喷溅高度和喷溅对襟翼、螺旋桨以及空速管等部件的影响程度,评估飞机喷溅特性是否满足安全性要求。根据飞机预期使用环境要求,喷溅试验可包括静水试验和波浪条件试验。

1) 主要试验设施和设备

(1) 高速拖曳试验水池及其配套的拖车、造波机等。

(2) 试验模型,全机模型试验按弗劳德数(Fr)相似准则进行试验,并满足如下相似条件:几何相似、运动相似。按上述相似条件和 Fr 相似准则,全机动力模型的尺寸、重心和重量等参数应满足表 5‐4 对应的比例关系。

表 5‐4   全机模型喷溅特性试验比例关系

名　称	全尺寸值	比　　例	模　型　值
长度	L	λ	λL
力	F	λ^3	$\lambda^3 F$

（续表）

名　称	全尺寸值	比　例	模　型　值
重量	m	λ^3	$\lambda^3 m$
时间	t	$\sqrt{\lambda}$	$\sqrt{\lambda}\,t$
速度	V	$\sqrt{\lambda}$	$\sqrt{\lambda}\,V$
惯性矩	I	λ^5	$\lambda^5 I$

（3）数据采集系统、摄像机、温度计、倾角传感器、照相机、摄像机等。

在试验前,应确定并在试验大纲中明确试验设施和设备的具体型号、量程、精度、校验要求等。

2）试验装置的安装

喷溅试验通常为自由拖曳试验,试验中需保证飞机模型前后、升沉和俯仰运动自由,限制模型的横倾和偏航运动。为此需有合适的试验装置固定模型开展喷溅试验,试验装置可采用耐波性试验适航仪,在没有适航仪的情况下可采用拖车滑动平台来开展试验,以下简要介绍典型拖车滑动平台安装步骤:

（1）将小滑车安装在拖车测桥仪上,并保证小滑车可前后运动,试验中由于螺旋桨产生的拉力大于模型阻力,模型具有剩余加速度,小滑车后部须使用钢索往后拉住模型。

（2）待小滑车安装完成后,将升沉杆自下而上穿过小滑车。

（3）将模型放置在拖车下方,在模型艉部处将导航杆放入模型艉部导航片中以限制模型的横倾和偏航运动,并保证导航杆不干扰模型艉部导航片上下、前后运动。

（4）调整好模型与小滑车、升沉杆相对位置后,使用连接杆将升沉杆与模型牢靠连接,连接完成后检查模型前后、上下及俯仰运动是否卡滞,调整到合适位置后将各连接点紧固。

小滑车可沿拖车测桥在一定范围内前后运动,升沉杆可沿小滑车上下运动,保证全机模型可上下、前后运动,并且模型重心处支座保证模型可自由俯仰运动。模型试验装置如图5-20所示。

5.3.3　模型试验的方法和步骤

1）试验方法

首先使拖车加速至试验速度;待速度稳定后,启动螺旋桨前方和襟翼侧方的摄像机记录模型产生的喷溅情况;再通过回看试验录像,分析螺旋桨和襟翼处喷

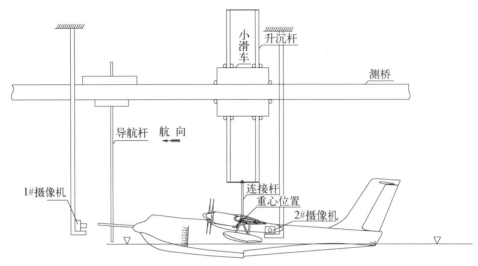

图 5-20　全机模型喷溅特性试验装置

溅冲击的严重程度,最后根据喷溅冲击的严重程度绘出螺旋桨和襟翼处喷溅的V形图。

2) 试验步骤

在完成了模型安装和测试仪器检查等一系列准备工作后,进行以下步骤:

(1) 试验仪器安装。

将电机连接至变频器上,并调试变频器,观察变频器是否可控制电机加速至试验所需转速。在螺旋桨侧前方和襟翼侧后方安装摄像机,观察模型在试验中喷溅冲击螺旋桨和襟翼的严重程度,调试录像机控制系统确保控制摄像机打开、关闭和录像。

(2) 模型初始浮态检查。

待模型提升至可离开船坞的安全高度后,启动拖车离开船坞,将模型放入水中,观察初始浮态,记录艏、艉的吃水线高度,计算初始姿态角,并检查其是否与理论值一致。

(3) 造波。

根据试验大纲要求,开启造波机在水池环境中制造所需波浪,试验人员观察波浪运行情况,在波浪传播到合适位置时继续后续步骤,在静水喷溅试验中忽略此步骤。

(4) 电机运行。

启动电机,并将转速调整至试验所需转速,保持稳定。

（5）拖车运行。

启动拖车，加速至试验速度。

（6）录像采集。

当拖车的运行速度稳定后，响铃示意，控制两摄像机开始录制模型产生的喷溅图像。

（7）拖车停止。

待完成当次拖曳试验后，拖车减速，同时关闭电机，并停止录像。

（8）拖车返回。

在拖车停稳后，提升模型，返回船坞。

（9）数据记录。

拖车返回船坞后，记录此状态下两相机中照片文件编号。等待水面平静。

（10）重复试验。

重复（1）～（9）步骤直至完成当前试验状态。

3）试验结果处理和分析

根据不同的试验状态（包括各重量、重心下所对应的试验速度）的模型螺旋桨处和襟翼处的喷溅录像，分析模型的喷溅程度。喷溅程度可分为三类：无喷溅、轻度喷溅和严重喷溅。一般而言，无喷溅为几乎无任何喷溅水花冲击该部件；轻度喷溅为偶尔或少量喷溅水花冲击该部件；严重喷溅为喷溅水花严重地冲击该部件。将喷溅结果从模型换算至实机，绘出喷溅 V 形图，试验照片和分析结果分别如图 5-21 和图 5-22 所示。

图 5-21　全机模型喷溅特性试验照片

如前所述，由于水上飞机真实运营环境非常复杂，因此实验室很难模拟真实运营环境（除平静水面之外），通过水动模型试验获得的喷溅形态与实际情况存在差

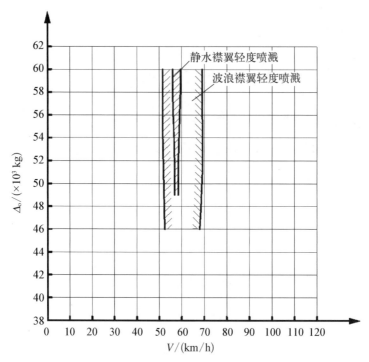

图 5 - 22　全机动力模型喷溅 V 形图

异,仅采用模型试验可能并不能完全满足对水上飞机喷溅特性(CCAR - 25.239)的符合性验证要求。FAA 发布的咨询通告 AC 25 - 7D 对 FAR - 25.239 条的喷溅特性的符合性验证方法给出建议:应通过实机飞行试验完成水上飞机喷溅特性的验证,而不是通过分析或模型试验进行。水动模型试验可用于指出问题所在,但不能代替实机试飞。

因此,受限于实验室条件限制,单独采用 MC4 方法难以充分表明两栖飞机喷溅特性、操稳特性等条款要求的符合性,但可以通过 MC4 和 MC6 相结合的方式来进行验证。

5.4　水上飞机的飞行试验方法

5.4.1　飞行试验概述

飞机的飞行试验,即试飞,不仅包含多种工程类学科,如航空、机械、电子以及结构等,而且涉及与人为因素相关的人机交互科学。在飞机研发过程中,必须考虑飞机中人的生理因素限制对飞机及其系统的影响,并仔细地权衡。此外,在现代飞机飞行试验各个项目的进行中还需要专门的管理技术。由此可见,作为一个独立的专门科学,飞行试验具有综合性的特征。

飞行试验通常在飞机研发的最后阶段进行,它的一个重要目标就是验证和完善飞机的设计,这意味着更改设计后的飞机要继续进行飞行试验,以验证先前飞行试验结论的有效性,为达到最终指标须进行反复验证和修正。显然,对于飞行试验必须进行合理规划,否则会导致研发过程中无休止的飞行试验。而且,飞行试验一般在飞机研发的最后阶段进行,很容易受到产品研发经费限制而不得不缩短试验周期。飞行试验具有一定的风险,可能危及飞机及其乘员的安全。这也要求合理地安排计划,避免时间仓促带来的安全隐患。总之,飞行试验是一项困难而又很有挑战性的任务。

现代飞行试验的主要目的是判断复杂的飞机系统及其乘员是否能够安全地完成预定的任务。其他目的还包括空气动力学、动力系统等数据的采集,以及相关领域的研究等。

飞行试验有多种类型,可以是为了探索前沿知识与科技的愿望而进行的飞行试验;可以是为了判断新产品的性能、解决新产品中可能存在的问题、确定飞机是否能完成预期功能而进行的产品研发飞行试验;也可以是为了建立安全飞行的飞行要求和准则而进行的局方合格审定飞行试验。

5.4.2 民用飞机研制和适航审定中的飞行试验

飞行试验(MC6)方法是用于表明适航审定符合性的重要方法之一。民用飞机研制和适航审定中的飞行试验包括申请人的研发飞行试验、申请人的符合性表明飞行试验以及审定飞行试验。

申请人的研发飞行试验是飞机设计迭代的重要步骤,主要目的是验证飞机对设计需求的符合性,拓展和确认飞行包线,调整设计参数和参数辨识等。

申请人的符合性表明飞行试验是在确认试验机构型能够代表飞机设计构型的基础上,通过试验机的飞行试验来表明对适航条款的符合性。

审定飞行试验是适航审定当局试飞人员进行的飞行试验,用于核查申请人所报告的飞行试验数据资料;或对于适航审定当局与申请人一起进行的飞行试验,据其获取符合性验证的数据资料。这类试验要对航空器的性能、飞行操纵、操纵品质和设备的工作进行评定,确定使用限制、程序和飞行员数据资料。

在进行审定飞行试验前,申请人要进行必要的地面试验、地面检查以及飞行试验,并将飞行试验报告提交给审查组进行审查。审查组根据对申请人飞行试验结果的审查,选择审定飞行试验项目,用以确认申请人整个飞行数据包的有效性。在审定飞行试验前须签发型号检查核准书(TIA)。对于某些飞行试验,审查组可根据申请人的请求决定是否将审定飞行试验与申请人的这些飞行试验合并进行,即并行试飞。

5.4.3　水上飞机飞行试验特点

如前所述,水上飞机与陆基飞机的主要区别在于水面运行和特殊作业任务。因此水上飞机飞行试验的特点主要体现在以下几个方面。

1) 水面和特殊作业飞行试验科目

根据水面起飞和降落的设计要求及适航要求,水上飞机的水面相关科目包括水面起飞性能、水面加速—停止距离、水上最小操纵速度等。这些试验科目与陆上起降的相关科目对应,但在飞行试验方法、试验临界条件确定、试验程序和步骤、试验数据采集和处理、试验符合性判据等方面,与陆上试验科目有较大不同。

此外,根据特殊作业要求,如投汲水、空投救援等,也需要根据设计和特殊适航要求规划相应的试验科目,如投水操纵特性等,试验条件、试验方法和试验判据等都需要根据适航要求进行确定。

2) 特殊的测试参数和测试改装需求

针对水面起降等科目,试验所需采集的参数也具有特殊性,需要提出特殊测试改装需求。如在水面起飞滑行时,水上飞机的纵倾角会随着滑行阶段的不同而变化,因此需要采集纵倾角及其角速率等影响水面滑行阻力的参数。此外,包括地速、飞机离水高度参数、飞机离水(触水)参数、水面起飞距离参数等都需要考虑通过特殊的测试改装来获取。水面飞行试验也需要对试验场地、试验条件及测量设备等进行准备,如测量和确定水面波浪参数、水面分量风速等。

3) 水面飞行试验风险评估

由于水面特性较为复杂,水上飞机的飞行试验程序及方法和陆基飞机相比有较大差异,尤其在水面运行和进行特殊作业时需要考虑其特殊的风险源和风险原因。水上飞机的飞行试验风险评估需要重点关注离水升空前、着水后的水面滑行等特殊阶段,在风险源识别、风险原因分析、降低风险的措施等方面都需要针对具体的科目进行分析。

水上飞机在水面运行和进行特殊作业的主要科目的飞行试验方法和飞行试验风险控制方法将在第6章和第7章中介绍。

6 水上飞机典型水上
科目的试飞方法

飞行试验(即试飞,MC6)是表明对飞机性能操稳相关适航要求符合性的主要方法。对水上飞机而言,其相对于陆基飞机的特殊科目主要为水上性能和操稳科目,包括水面起降性能、水面最小操纵速度、水面侧风起降等。本章主要介绍水上飞机水面运行相关典型科目的参考试飞方法。

6.1 水面起飞性能

1) 验证条款

与水面起飞性能相关的验证条款包括专用条件 F-1、CCAR-25.105(b)(c)(d) 等。

对于新型水上飞机或水陆两用飞机,需要进行一系列完整的水上起飞试验,确定起飞速度和距离,验证水面起飞程序的正确性。起飞性能试验的另一个目的是验证起飞单发停车时,飞机的稳定性和操纵性是否可接受。

2) 背景材料

与陆基飞机相比,水上飞机起飞时不仅受到重力、发动机拉力和气动力的作用,还受到水静力和水动力的作用。水静力可以根据阿基米德原理,即水对物体的浮力等于物体排开液体所受的重力得到;水动力和气动力类似,受吃水深度、纵倾角和速度共同影响。根据水上飞机的受力特点可以将水上飞机的起飞分为四个阶段,分别为航行阶段(低速阶段)、过渡滑行阶段、高速滑行阶段(速滑阶段)和离水阶段,图 6-1 给出了水上飞机起飞各个阶段阻力和纵倾角示意图。纵倾角为船舶术语,由于船身式水上飞机在水面运行期间与船舶的特性相似,所以该术语被直接引用,纵倾角和航空中的俯仰角相同。

3) 正常水面起飞性能的阻力特性

图 6-1 给出了水上飞机在水面滑行至起飞离水过程中的阻力及相应参数

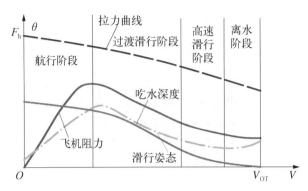

图 6-1　水上飞机起飞各个阶段阻力和纵倾角示意图

变化的示意。由图 6-1 可以看出,随着船体向前的速度从零开始增加,存在一个速度使得船体的俯仰姿态和阻力几乎同时达到最大值,此速度称为阻力峰速度。阻力峰速度是升力由浮力占主导地位过渡到动升力占主导地位的临界点。通过阻力峰后,飞机的俯仰姿态会迅速减小。根据经验,水上飞机在通过阻力峰时,试飞员通常需要先后拉驾驶杆再前推驾驶杆,该过程称为跨上断阶。随着断阶设计的进步,不必再要求飞行员帮助飞机跨上断阶,阻力峰速度的确定也变得困难。

通过分析,可把水上飞机起飞的整个速度范围划分为四个阶段——航行阶段、过渡滑行阶段、高速滑行阶段和离水阶段。下面从水上飞机在水面滑行所受的阻力、水动升力方面进行讨论分析。

(1) 航行阶段(排水航行段)。

此阶段为排水航行段,飞机能在水面停留主要通过浮力支撑,与排水型船舶类似。随速度增加纵倾角逐渐增加,同样水阻力也逐渐增大。此时水阻力主要由摩擦阻力、黏压阻力和兴波阻力组成,并且随着速度增加水阻力呈线性增加。此阶段速度一般在 $0.25V_{GW}$(离水操纵速度)以下。

(2) 过渡滑行阶段(峰速区)。

过渡阶段的速度大约为 $0.25V_{GW}\sim0.5V_{GW}$,亦即由航行阶段过渡到断阶滑行阶段,此阶段的主要特征是纵倾角迅速增加和吃水减少。从此阶段初期开始,在前体断阶处至后体前部之间开始出现一个空气垫,因而后体滑行面积减小,后体水动作用力和低头力矩减小,船体纵倾角迅速增加,水阻力迅速增加。此时纵倾角将继续增加直至出现一个峰值,在纵倾角曲线峰值附近水阻力曲线也出现一个峰值,此点称为阻力峰,而后纵倾角和水阻力逐渐减小。在此阶段水阻力主要由喷溅阻力、摩擦阻力、黏压阻力和兴波阻力组成。随着速度增加,兴波阻力迅速减小,喷溅阻力显著增加,摩擦阻力和黏压阻力变化较小。

(3) 高速滑行阶段(断阶滑行段)。

滑行阶段大约位于 $0.5V_{GW} \sim 0.8V_{GW}$ 之间,随着速度增大,断阶后空气垫增长,后体滑行面积进一步减小,直至后体离水,形成单断阶滑行,此时作用在船底上的力主要为前体的水动升力。在此阶段随着速度增加,船体进一步抬起,浸湿面积进一步减小,阻力进而减少,并且由于浸湿长度减小使浸湿展弦比增大而造成滑行效率提高,此时船体吃水较浅,进入完全滑行状态。在此阶段水阻力主要由喷溅阻力和摩擦阻力组成,兴波阻力和黏压阻力极小,可忽略不计。随着速度增加喷溅阻力和摩擦阻力会进一步减小。

(4) 离水阶段(起飞前阶段)。

在起飞前阶段速度大约为 $0.8V_{GW} \sim 1.0V_{GW}$,为了得到起飞时最佳机翼升力,飞行员调整升降舵,适当增加飞机纵倾角,此时速度继续增加,机翼升力增加使船体浸水部分减小,直至为 0,飞机迅速升空飞行。此阶段进入单断阶全宽滑行直至三角形滑行,正常情况下,在此阶段水阻力迅速减小,直至起飞离水阻力变为 0。但此时若纵倾角过大,将造成大量的前体水流冲击后体底面,水阻力急剧增加,因而导致起飞前的第二阻力峰的形成。

对于水面正常起飞性能来说,断阶滑行段可以分为两种情况。一种情况是飞机在抵达拉杆速度(抬头速度)前,飞机已经自然离开水面。之后,飞机的升阻力完全来源于气动力,但此时飞机的速度可能小于失速速度,仍需依靠地效作用保持贴着水面继续加速。当飞机达到拉杆速度时飞行员拉杆使飞机离开水面进入起飞爬升状态。另一种情况是飞机在抵达拉杆速度时,飞机机身仍有部分浸在水中。此时飞机的升阻力也绝大部分是气动力,仅有一小部分是水动力,和第一种情况类似。从现象上来看,两种情况的区别在于飞机离水点发生在拉杆速度之前还是之后。这两种情况对飞行员的起飞操纵程序差别不大,但对于中断起飞后的操纵程序会有很大的区别,这是因为中断起飞可能会遇到中断时飞机是在空中还是在水中的问题。每一种特定的机型或特定机型在特定重量时的起飞过程会对应一种情况。

图 6-2 和图 6-3 给出了两种起飞过程的航迹示意图。

4) 数据要求

水上飞机起飞性能试飞的目标在于获取起飞距离和各特征速度,为了获取起飞距离,试验机需加装相关测试设备获取飞机本身的关键参数,对于外部测量的参数也需关注,保证对测试参数或计算结果进行修正,拟采集的测试参数

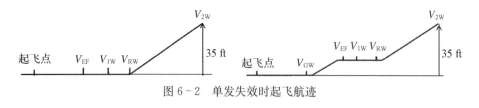

图 6-2　单发失效时起飞航迹

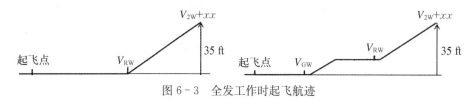

图 6-3　全发工作时起飞航迹

如下：

（1）飞机的速度参数。

一般起飞程序中会规定若干起飞特征速度，只有按照特征速度完成相应的操纵，才能得到合格有效的试飞数据。对于陆基飞机试飞来说，几乎所有的特征速度都需要按照校准空速给出，而水上飞机没有相应的试飞条款，但是如果要将水上飞机的特征速度与失速速度、空中最小操纵速度进行比较，则必须在试飞中获得校准空速。因此，飞机校准空速是水上飞机试飞的必需参数。此外，水上飞机又与陆基飞机不同，在陆基飞机起飞过程中，地速对飞机的影响没有飞机相对于水的速度对起飞的影响大；而且当陆地作为参考系时，通过合理控制试验时的风速和风向，即可将地速对陆基飞机起飞的影响控制在可接受的范围内，所以陆基飞机在起飞时地速并不是必需参数，有时仅仅作为参考参数。对于水上飞机而言，飞机和水面的相对速度直接影响滑跑时雷诺数的变化，从而影响滑行阻力，进而影响起飞滑跑距离。因此在水上飞机起飞性能试验中，不仅要获取空速数据，还要获取地速数据，再根据水流的速度计算得出飞机相对于水的速度。但根据 CCAR-25-R4 的要求，水上飞机水面性能数据在平静水面得出，所以获取地速即可认为是飞机相对于水的速度。获取飞机地速一般有两个途径：其一是为飞机加装 GPS，在地面差分站获取差分 GPS 数据进而获取地速；其二是采用光电测量系统对飞机的起飞着水航迹进行拍摄，直接获取地速。二者的精度不一样，但均可以满足试飞要求。

（2）飞机姿态参数。

陆基飞机起飞过程中，阻力主要来自起落架机轮与地面的滚动摩擦力和整机的气动阻力（忽略机轮与轴承之间的摩擦等），而气动阻力在高速段表现极为明显。影响气动阻力的因素有机翼翼型、滑跑速度、滑跑迎角、气体密度等。对于新机试飞而言,获取滑跑时的迎角是评估起飞阻力的一个项目。滑跑过程中,可以简单地将滑行姿态等同于滑行迎角,对于抬头段,加上俯仰角速率修正即可获得动态过程的迎角。因此对于陆基飞机起飞性能试飞,俯仰姿态角和俯仰角速率是必须获取的测试参数。一般陆基飞机的起飞操纵程序中对起飞抬前轮速率都有明确的要求。获取抬前轮时的俯仰角速率可以验证起飞操纵的抬头率控制正确与否,因此评估陆基飞机的起飞性能必须要获取俯仰姿态和俯仰角速率的数据。此外,获取起飞航向可以修正风对起飞阻力的影响,获取偏航速率在某些时候可以辅助判断起飞后航线是否保持稳定。滚转角与滚转角速率对于起飞离地速度的判断以及起飞后飞机是否出现危险状态的判断有一定的参考作用。因此偏航角、滚转角和滚转角速率也是陆基飞机起飞性能必须获取的测试参数。

与陆基飞机起飞性能试飞类似,俯仰角、偏航角、滚转角、俯仰角速率、滚转角速率、偏航角速率均对水上飞机的起飞性能十分关键,也是水上飞机试飞中必须测试的参数。此外,水上飞机俯仰角、俯仰角速率会影响水面滑行阻力,滚转角有助于判断水上飞机浮筒触水征兆。因此,以上这些参数在水上飞机试飞过程中必须获取。

(3) 飞机的操纵参数与舵面响应参数。

飞机的操纵参数包括纵向杆位移、横向盘(杆)位移、脚蹬位移;舵面响应参数包括升降舵偏转角、副翼偏转角和方向舵偏转角。这些参数无论是对于陆基飞机还是水上飞机都是判断飞机起飞过程操纵和飞机响应的必需参数,因此水上飞机试飞过程中纵向杆位移、横向盘(杆)位移、脚蹬位移、升降舵偏转角、副翼偏转角和方向舵偏转角为必须获取的参数。

(4) 飞机过载参数。

飞机过载参数包括纵向过载、法向过载和侧向过载,合称为三向过载。三向过载参数对于陆基飞机试飞而言,是十分关键的,但是侧向过载在大多数情况下仅仅是判断飞机起飞过程有无侧滑的间接参数,而不是直接参数,所以陆基飞机起飞性能试飞中仅建议获取侧向过载。法向过载是判断飞机爬升速率起飞离地的参数,并不能直接用来判断飞机起飞离地状态和爬升能力,所以飞机法向过载在陆基飞机起飞性能试飞中也建议获取。纵向过载是陆基飞机起飞过程中判断加速能力的直接参数,是必须获取的参数。

对于水上飞机来说,仅仅依靠断阶触水状态参数并不能完全判断飞机是否离水,因为水面并非像硬质跑道那样平整,而是有不规则的波浪。如果要准确判断水上飞机离水则应该采取断阶触水信号和法向过载结合的方式。而且,由于水上飞机在起飞过程中俯仰姿态并非定值,因此利用法向过载参数可以有效地判断飞机滑跑稳定性。因此法向过载参数为水上飞机起飞性能试飞的必需参数。纵向过载有助于判断飞机加速状态,所以水上飞机起飞性能试飞中建议获取纵向过载参数。侧向过载参数是判断水上飞机在水面滑行中是否带侧滑起飞的重要依据,水上飞机如果带侧滑起飞,则可能对飞机机身、翼尖浮筒有极大的损害,所以水上飞机起飞性能试飞建议获取侧向过载参数。

（5）发动机相关参数。

发动机是飞机滑行和飞行的主要动力源,发动机相关参数是评估起飞性能的重要指标,只有发动机有足够的推力或拉力才能保证起飞性能试飞的顺利进行。因此,无论陆基飞机还是水上飞机,在起飞性能试飞过程中,发动机参数都十分重要。

（6）襟缝翼参数。

起飞性能的试飞数据均需按照已定的飞机构型给出,襟缝翼参数是用来表征飞机起飞构型的关键参数,需在试飞过程中记录。

（7）飞机重量重心参数。

对于陆基飞机,飞机重量和重心直接影响飞机机轮与地面的摩擦力以及飞机起飞后的俯仰姿态控制。因此在陆基飞机起飞性能试飞中,必须获取重量和重心的参数。水上飞机起飞性能试飞中,飞机重量直接影响飞机吃水深度,从而影响起飞滑跑阻力,所以重量参数对于水上飞机起飞性能试飞来说十分关键。水上飞机重心会影响滑行时的纵倾角,进而影响起飞滑跑过程中的阻力,所以重心也是对于水上飞机起飞性能试飞十分关键的参数。同时,水上飞机起飞性能试飞中重量和重心也会影响飞机起飞抬头操纵。对于数据后处理,如果要得到更加保守的起飞距离,需将试验状态重量、重心对应的试验结果换算到目标重量和重心处。

（8）飞机离水高度参数。

对于陆基飞机,判断飞机是否起飞一般以飞机离地 10.7 m(35 ft)作为标准,因此飞机相对地面的高度十分关键,一般采用无线电高度或 GPS 高度来判断。相比而言,GPS 高度的精度较无线电高度要差,所以无线电高度是陆基飞机起飞性能试飞的常用参数。

水上飞机起飞性能试飞中,判断起飞与否并没有专门的规定,但对于新机试飞,判断水上飞机起飞必须指定某一高度作为标准。无论指定了什么样的高度值作为判断依据,水上飞机起飞后相对水面的高度均为必须获取的参数。因此在水上飞机试飞过程中,必须测定相对水面的高度。

(9) 飞机离水(触水)参数。

起飞离水点是水上飞机起飞的一个主要特征点,准确判断起飞离水点对于给出离水速度、分割起飞滑跑段辅助适航机型数学模型修正十分关键。陆基飞机判断起飞离地点一般采用机轮轮轴法向过载、轮速、主轮触地信号等判断。对于水上飞机,飞机机身与水体的接触并非像陆基飞机机轮与地面接触那么明了,判断水上飞机离水点十分困难。通过分析水上飞机离水过程发现,对于自然离水的水上飞机,离水点一般为断阶最底部;对于正常拉杆离水的水上飞机,如果飞机严格按照起飞操纵程序离水,则也在断阶最底部;对于有双断阶的飞机,第二断阶底部为最后离水点。由此可以看出,如果在断阶处加装触水传感器就可以解决离水点判断的问题。此外,对于船身式水上飞机,除了要判断机身离水之外,还需判断翼尖浮筒触水状态,所以在翼尖浮筒底部加装触水传感器也十分必要。

(10) GPS 数据和光电数据。

起飞性能试飞的目标之一就是确定起飞距离,确定起飞距离的方式可以分为速度积分法和直接计算法。对于速度积分法,需选择地速作为参数,因为地速对应飞机起飞的几何距离,获取地速可以通过 GPS 也可以通过光电经纬仪。直接计算法是通过起飞起始点和终止点的经纬度进行计算,或者利用光电经纬仪的数据计算。但是,在水面起飞时,光电经纬仪很可能受到水面水雾等影响不能获取理想的数据,GPS 数据相对较为稳定。

(11) 风速和风向数据。

风速和风向对于陆基飞机的起飞性能试飞十分关键,一般陆基飞机起飞性能试飞均要控制沿跑道方向的风速小于 3 m/s。类似地,在水上飞机起飞中风向和风速对于水面起飞距离的影响也十分明显,数据处理修正时必须根据风速和风向对起飞滑跑距离进行修正,因此水上飞机起飞性能试飞必须获取风速和风向。

(12) 环境参数(大气压、温度)。

陆基飞机起飞性能试飞结果一般均要换算到标准状态下,即海平面、温度为 15℃。水上飞机起飞性能试飞结果也需换算到标准状态下。为换算到标准状态,需要获取温度、当地大气压。

（13）水面相关参数。

根据 CCAR-25-R4 的要求，水面起飞性能的数据须基于平静水面给出，因此需要获取水面的浪高等参数。

5）试验程序

（1）试验点控制。

水面正常起飞性能中，应考虑临界重心和全重量范围。临界重心视水池模型试验的结果而定，如果重心位置在重心前限，则应在重心后限检查一个状态点，检查表明试验结果相对保守。同时，发动机状态应出于与陆基飞机起飞性能一样的原因考虑临界发动机停车试验。试验状态点设计如下：

　　a. 重量：水面最大起飞重量、大重量、中等重量、小重量。

　　b. 重心：临界重心。

　　c. 襟缝翼：水面起飞位置。

　　d. 起落架：收起。

　　e. 发动机状态：全发工作、临界发动机停车（多发飞机）。

（2）试飞条件控制。

CCAR-25-R4 要求水面性能数据在平静水面给出，但是平静水面并没有明确定义。对于水上飞机，认为水浪对试飞结果影响不明显的浪高为平静水面，平静水面的浪高不大于 0.2 m。风速和风向与陆基飞机采取同样的控制方式。此外，水面正常起飞性能作为基本的性能试飞，不需要进行前置科目试飞，仅需确认飞机各系统工作正常。

　　a. 水面要求：浪高≤0.2 m。

　　b. 水深要求：水深>3 m。

　　c. 温度：不限。

　　d. 高度：覆盖至水面起飞最大使用场高。

　　e. 风速和风向：风速<3 m/s。

（3）试飞方法。

水上飞机水面正常起飞性能试飞须考虑全发工作和单发停车起飞两种试飞方法：

　　a. 全发水面起飞性能。

　　a）完成地面所有检查，且各系统工作正常，操纵飞机下水。

　　b）飞机下水后，将水舵"上电/断电"开关调到"上电"档，将水舵"操纵/回中"开关调到"操纵"档，并收起落架（飞机完全入水后，数秒钟后收起落架）。

c) 根据水面波浪和风向条件,制订起飞航线,驾驶飞机进入主航道,并到达起飞位置。

d) 在起飞位置,将油门收到慢车状态,按正常程序放襟翼到起飞位置,并将机头对准航道。

e) 按正常程序,柔和一致地将四台发动机推油门至起飞位置。

试飞中其他注意事项如下:

(a) 在阻力峰速度前,飞行员重点关注飞机航向稳定,通过操纵舵面控制航向。

(b) 在阻力峰速度后,应重点关注飞机纵向稳定,及时通过调整升降舵使飞机在稳定区域内滑行,飞机离水前的推拉杆操作要柔和。

(c) 在到达阻力峰前,飞机俯仰姿态速度会不断增大,飞行员可拉杆帮助飞机抬头;到达阻力峰后,飞机开始低头,飞行员可适当顶杆帮助飞机提前进入低头趋势;当飞机开始低头时,飞行员应适当带杆,防止飞机过分低头进入下不稳定区。

(d) 当滑行速度大于 120 km/h 时,仍不能控制飞机纵摇(纵摇幅值大于 $2°$),应立即收油门到 $0°$,终止起飞。

(e) 加速起飞过程,保持机翼水平。

不同起飞场景下的注意事项如下:

内湖或河流起飞:根据前方某一固定参照物与驾驶舱位置变化来判别飞机航向变化,及时通过蹬舵和副翼操纵修正航向,并根据天际线高度变化辨别飞机滑行姿态变化,通过操纵升降舵保持飞机纵向稳定。

海面起飞:优先选择迎风起飞。缓慢推油门加速,当飞机过阻力峰后,伺机推油门至最大位置,使飞机快速进入断阶滑行。根据波浪传播方向辨别飞机航向,并保持飞机纵向滑行稳定,直到离水。

侧风起飞:向侧风方向压杆,使飞机向侧风方向横倾 $1°\sim2°$,随着速度增大,逐渐减少压杆量。

(a) 观察主飞行显示(PFD)主画面上的速度显示,待飞机增速至接近离水速度 V_{GW} 时,柔和地带杆,使飞机姿态保持在 $4°\sim5°$,直到飞机加速到 V_{LOFW} 自然腾空离水,并增速至 V_{RW},拉杆抬头爬升至 10.7 m(35 ft)。

(b) 飞机爬升到 10.7 m(35 ft)时,速度不小于 V_2,并以不小于该速度的速度继续爬升。实时监控 PFD 主画面上的速度和升降速度(爬升率),爬升高度大于 25 m 后转移视线,按仪表保持好爬升数据。

（c）按正常起飞程序完成第一边和第一转弯、第二边和第二转弯（参考陆基起飞程序）。

b. 单发水面起飞性能。

a）速度在达到 V_{1w} 之前，飞行员操作程序与全发水面起飞程序相同。

b）待速度达到 V_{1w} 之后，保持飞机滑行方向与机头方向一致，可以适当带滚转但翼尖浮筒不可触水。

c）待飞机速度达到抬头速度时，按照给定的抬头率控制飞机抬头并起飞。

d）飞机完成起飞后，机长和副驾驶配合完成起飞后检查单。

（4）数据处理方法。

水面正常起飞性能试飞数据处理应确定试飞员操纵的合理性，给出起飞距离，评价操纵特性，尤其是针对单发继续起飞的试验点。具体数据处理方法如下：

a. 对照试验设计确认推油门过程、操纵方式、单发停车速度、抬头速度、抬头率、起飞安全速度等，判断试飞数据的合理性。

b. 针对合理的试飞数据给出各特征速度（含地速），评价起飞过程中的操纵特性。

c. 根据特征点的判断方式，判断起飞各特征点，特征点判断方式如下：

a）起飞开始时刻：地速等于 3 m/s，油门杆处于操纵过程或者已经置于起飞位。

b）离水时刻：飞机法向过载出现明显变化，触水（离水）信号出现跳变。

c）起飞结束时刻：飞机达到离水高度 10.7 m。

d. 根据各特征点，计算起飞水面滑跑段距离和空中段水平距离，具体算法如下：

a）速度积分法：将地速对时间积分，计算滑跑段和空中段的距离。

b）直接计算法：利用 GPS 经纬度计算各特征点的直接距离，或者利用光电经纬仪计算各特征点之间的距离。

e. 将水面滑跑段的距离和空中段的距离求和，计算总起飞距离。

f. 将总起飞距离换算到标准条件下。

具体计算距离的方法和换算方法可参考相关试飞资料。

6.2　正常着水性能

1）验证条款

与正常着水性能相关的验证条款为 CCAR - 25.125。

正常着水性能试飞的目的是确定正常着水构型下的着水距离,验证着水程序的正确性。

2) 背景材料

按照 CCAR - 25 - R4 的要求,着水距离是从高于着水表面 15.2 m(50 ft)处到飞机完全停止之间的距离。着水距离确定的条件为飞机必须处于着水形态,且飞机在高于 15.2 m(50 ft)处的速度不小于制定的 V_{REF}(参考进场速度),水面应为平静水面,发动机拉力应处于慢车拉力的上限。

着水过程可以分成空中段和滑跑段两个部分。与陆基飞机着陆类似,飞机在相对高度 15.2 m(50 ft)处时,飞机以 3°下滑角并按照进场参考速度(或给定)进场,当离水面高度约为 2.5~4.5 m 时拉平飞机,随着飞机速度降低,飞机飘落接水。飞机触水后,速度矢量方向会迅速与水面平行。之后飞机进入水面滑跑减速段,直到飞机在水面停止。按照 CCAR - 25 - R4 的规定,取飞机速度(地速)为 3 kn 作为飞机停止的标志。

与陆基飞机相比,水上飞机并没有确定的跑道,选择着水的方向相对陆基飞机有更多的自由空间,但是一般野外水域的着水也没有足够的地面或水面信息。因此,水上飞机在着水前应完成多项水面检查,检查项目包括风向检查、水域漂浮物检查等。进行风向检查时一般通过几种信息,包括水面白色条纹、水域边的风袋、炊烟以及锚泊的船只。通过水面白色条纹、风袋和炊烟检查风向的方法与日常生活中的类似,锚泊的船只指抛锚的船只,一般抛锚的船头会指向风向。水面信息的另外一项检查是水面漂浮物或岛礁检查。有的暗礁处出现了一些标志须格外关注。对于试飞而言,水面信息会通过水面负责人员反馈给试飞员,帮助试飞员进行逆风着水,但是试飞员应在着水前进行相应的目视检查确认。

对于水陆两用飞机,在进入五边后需要选择着水还是着陆,否则会出现构型告警,因为水陆两用飞机的着陆和着水构型有所区别,着陆需要放起落架,着水则需保持起落架在收上位置。与陆基飞机相比,水上飞机着水过程最大的不同出现在飞机接水后的减速滑跑。由于飞机有一定的下沉速度,因此飞机的吃水深度会比相同重量下漂浮状态的吃水深度要深,此过程的力学分析十分复杂,但总体来看飞机的垂直速度会迅速衰减。此外,飞机在着水时,大多数飞机的触水点因为受到水的冲击力而并不会准确通过重心,因此在飞机触水时会有一个额外的俯仰力矩出现,此力矩一般会使飞机低头,因此在水上飞机着水时须很好地控制升降舵,否则飞机可能会迅速低头,进入十分危险的状态。同时,飞机也需尽量控制下沉率,减少水对机身底部的冲击载荷。水上飞机着水后,在水面减速滑跑过程中,为了增大阻力减小滑跑距离,飞行员应将俯仰姿态控制到最大值。如果飞机刚触水即将飞机拉杆到底,则飞机的速度较高很可能会再次离水,所以飞行员应在减速片刻后再控制飞机的俯仰姿态,直到飞机停止。

3)数据需求

正常着水性能的试飞目的主要是确定飞机的着水距离和验证着水程序,所以应从此角度提出参数需求。

(1)飞机的速度参数。

与陆基飞机着陆类似,水上飞机的着水过程也是速度由大变小的过程。分析飞机的着水过程,必须通过飞机的速度判断各特征点。飞机的参考进场速度V_{REF}为校准空速,因此飞机经过校准的表速为着水性能的必需参数。水上飞机着水距离计算是以速度等于 3 kn 为终止点的,此速度特指平静水面的地速(相对水的速度),因此评价着水性能不但需要飞机机载设备记录的飞机空速,还需要获取飞机的地速。与起飞性能类似,地速可以通过差分 GPS 和光电测量系统两种方式获取。

(2)飞机姿态参数。

飞机触水时姿态的控制十分关键,如果姿态过大很可能造成着水跳跃,十分危险。为了控制风险或进行风险分析,飞机俯仰姿态的参数也是试飞中必须采集的数据。此外,飞机进场着水程序中一般要求飞机在低于场高 50 ft 后俯仰姿态不能减小,所以俯仰姿态参数是水上飞机正常着水性能的必需参数。飞机触水后,机翼需保持水平,避免单侧浮筒触水(与起飞的情况类似),因此飞机的滚转姿态参数也十分关键。对于着水距离的修正来说,风向和风速的影响十分关键,为了修正着水后的距离,飞机的航向也是很关键的参数。

(3)飞机的操纵参数与舵面响应参数。

与起飞性能类似,飞机的操纵参数与舵面响应参数也是着水过程的必需参数。这些参数有助于分析着陆过程中试飞员操纵的合理性。飞机操纵参数与舵面响应参数包括纵向杆位移、横向盘(杆)位移、脚蹬位移、升降舵偏转角、副翼偏转角和方向舵偏转角等。对于水陆两用飞机,着水前往往需记录着水/着陆选择开关。

(4)飞机过载参数。

飞机的法向过载参数对于判断飞机是否重触水十分关键,水上飞机着水性能试飞中必须采集飞机的法向过载参数。纵向过载参数有助于计算飞机的减速率,但飞机的减速率一般根据地速计算,所以纵向过载参数不是水上飞机着水性能的必需参数,仅仅为建议采集的参数。侧向过载参数对于判断飞机速度矢量方向与机头方向是否一致十分关键,如果机头方向与速度矢量方向不一致即可判断飞机带着侧滑着水。较小的侧滑对于飞机在空中飞行而言并不十分紧要,但是对于着水试飞,侧滑表示飞机受到水对飞机的侧向冲击。水上飞机的浮筒等部件的纵向和法向承载力较强,但侧向承载能力很弱,一旦侧滑着水很可能导致飞机的浮筒等触水部件损坏或损伤,需进行额外的检查。因此飞机的侧向过载参数也是水上飞机正常着水性能试飞的关键参数。

（5）发动机相关参数。

按照着水程序,飞机进场、拉飘、触水到减速滑跑,均对飞机的发动机控制提出了一定的要求,而且发动机拉力是控制飞机的下沉率的关键因素。在着水阶段,需参考陆基飞机着陆将发动机慢车拉力调整为慢车拉力的上限。因此水上飞机正常着水性能试飞中发动机相关参数是飞机的必需参数。

（6）起落架和襟缝翼参数。

起落架和襟缝翼参数用来表征飞机着水构型满足设计要求。在试飞员选择着水后,起落架应该一直保持收上状态。

（7）下沉率。

下沉率是着水性能试飞的重要参数。按照 AC 25 - 7D 对陆基飞机着陆性能的试飞要求,接地下沉率受到一定的限制(不超过 6 ft/s),对着水性能的触水速度没有明确的要求或者可以理解水上飞机着水触水下沉率也受到 6 ft/s 的限制。因此对于水上飞机着水性能,下沉率是必需参数。

（8）下滑角。

AC 25 - 7D 中要求飞机在达到着水表面 15.2 m(50 ft)以上,应有足够的时间来保证飞机以 V_{REF} 并按照不超过 3°下滑角进场,因此,下滑角是判断飞机着水进场是否正常的一个条件。一般下滑角并不能直接测得,所以一般采用后计算的方法获得。

（9）飞机重量和重心参数。

正常着水性能的重量和重心是试验构型的要求之一,选取重量和重心时,应考虑什么样的重量和重心更加临界。对于陆基飞机着陆性能一般采用大重量前重心,如果要考虑飞行手册着陆数据的完整性,则中等重量和小重量的数据也要经过试验。对于重心来说,陆基飞机前重心可以减小主起机轮载荷,导致地面摩擦力减小,从而导致地面滑跑距离加长,所以陆基飞机的着陆性能一般采用前重心。水上飞机也类似,重量试验要求进行最大着水重量、中等重量、小重量来保证试飞手册的完整性,但是着水重心对水阻力的影响很难评估,需根据水池试验的结果来选定。原则是选择趋于着水阻力小的重心位置来完成正常着水试验。对于着水性能数据后处理来说，也需将试验值换算到目标重量和重心处。所以，重量和重心参数是水上飞机试飞的必需参数。

(10) 飞机离水高度参数。

水上飞机正常着水性能试飞中，计算着水距离的起始点从离着水表面 15.2 m(50 ft)计起。与起飞性能类似，离水高度的参数采用无线电高度或 GPS 高度。

(11) 飞机离水(触水)参数。

按照着水性能数据后处理的要求，着水距离的分析分两部分进行，一部分为空中段，从飞机离水面 15.2 m(50 ft)到飞机触水；另一部分从飞机触水点到飞机停止(地速达到 3 kn)，如有必要这两部分可以进一步细分。从这个角度来看，飞机的触水点是水上飞机着水性能试飞的关键参数，直接涉及数据后处理的分段工作。可以通过断阶处触水信号和飞机重心处法向过载相结合的方式判断飞机的触水。这里飞机的触水信号主要指的是飞机断阶处的触水信号。

(12) GPS 参数和光电数据。

正常着水性能试飞的目标之一就是确定着水距离，与起飞距离的计算一样，确定着水距离可以采用速度积分法和直接计算法。所以正常着水性能中需记录和分析 GPS 数据和光电经纬仪数据。

(13) 风速和风向数据。

根据 AC 25-7D 的要求，飞机的性能数据均要在一定的风速限制的条件下得出，并根据飞机的试飞结果进行风速和风向的修正。所以风速和风向的数据也是试飞中必须记录的参数。

(14) 环境参数(大气压、温度)。

飞行试验的数据最终写到试飞手册中需要在标准状态的基础上进行扩展，所以试飞结果首先要换算到标准状态下。换算到标准状态的所需参数有试验时的大气压、温度等。

(15) 水面相关参数。

根据 CCAR-25-R4 的要求，水上飞机的性能数据需在平静水面得出，所以试验时不但要控制水面条件，而且要在试飞结果中直接给出试验时的浪高等参数。

4) 试验程序

(1) 试验点控制。

正常着水性能中，应考虑临界重心。临界重心视水池模型试验的结果而定，如果重心位置在重心前限,则应在重心后限检查一个状态点,检查表明试验结果相对保守。重量仅采用最大着水重量。同时,发动机状态应调整为慢车拉力的上限。试验状态点设计如下:

    a. 重量:最大着水重量。

    b. 重心:临界重心试飞(非临界重心检查)。

    c. 襟缝翼:着水位置。

    d. 起落架:收起。

    e. 发动机状态:慢车。

(2) 试飞条件控制。

CCAR - 25 - R4 要求水面正常着水性能数据在平静水面给出,试验水域浪高不大于 0.2 m。风速和风向与陆基飞机采取同样的控制方式。此外,正常着水性能作为基本的性能试飞,不需要进行前置科目试飞,仅需确认飞机各系统工作正常。尽管本科目中有临界发动机停车的试验点,但临界发动机可以采用设计评估的发动机。

    a. 水面要求:浪高≤0.2 m。

    b. 水深要求:水深>3 m。

    c. 温度:不限。

    d. 高度:覆盖至水面起飞最大使用场高。

    e. 风速和风向:风速<3 m/s。

(3) 试飞方法。

水上飞机水面正常着水性能试飞需按照给定的着水程序进行。

    a. 参考着陆程序,完成第四边和第四转弯。

    b. 第四转弯后,飞机未进入下滑前,速度为 270~280 km/h,放襟翼 45°。此时应及时顶杆减小迎角,不使飞机爬升高度。在放襟翼的过程中,柔和向前顶杆并用调整片固定好地平线指示箭头的位置。放襟翼 45°时应保持箭头在地平线下 5°位置,使飞机以 2.5~3 m/s 的下降率下降高度。

    c. 根据飞机的不同重量,放襟翼 45°后,保持下滑速度为 250~280 km/h,任何情况下都不允许速度小于 250 km/h。

    d. 下滑中调整油门保持规定的下滑速度,使飞机保持稳定的下滑状态。

    e. 下降至距水面 15.2 m 前,增加内侧油门 5°~10°,并根据大气温度减少外侧油门不小于 20°,使用内侧油门来调整拉平开始所需速度。

    f. 在减油门的过程中,注意蹬住右舵保持方向,当内侧油门减到 20°时,高度为8～10 m,开始拉平,在1 m高度左右进入平飘,并调整飞机姿态至着水姿态。

其中,注意事项如下:

(a) 飞机在四边飞行时,应观察着水水域的风速、波浪情况,确定着水航线,并完成着水前检查。

(b) 正常着水姿态为4°～6°。着水姿态过小(小于3°)容易发生跳跃;水姿态过大(大于7°),后体艉部先着水容易产生弹跳。

(c) 着水时下降速率建议不大于1 m/s,若着水时下降率过大容易产生跳跃和大的过载。

(d) 若着水时有较大侧风,则允许飞机带有一定的与侧风方向相反的坡度着水,但角度不能超过2°。

g. 通过多功能飞行显示(MFD)和主飞行显示器(PFD)显示相关系统着陆信息,进入着水。

h. 飞机着水后,先后将内外侧发动机油门收到0°,并控制飞机姿态,使飞机保持稳定。下令螺旋桨解除限动,先解除内侧,然后解除外侧,此时用舵保持方向。待滑跑速度降低至70 km/h以下,将水舵"上电/断电"开关调到"上电"档,将水舵"操纵/回中"开关调到"操纵"档,同时将襟翼收到0°。

(4) 数据处理方法。

针对着水性能试飞目的,数据处理时应对下滑角大小及进场速度进行确认,然后计算着水距离。具体数据处理方法如下:

a. 对照试验设计计算下滑角、着水时刻的下沉率、进场速度以及着水后操作的合理性。

b. 针对合理的试验数据给出进场速度和下滑角,评价着水过程中的操纵特性。

c. 根据特征点的判断方式,判断着水各特征点,特征点判断方式如下:

a) 着水距离起点:飞机离水高度15.2 m,实际进场速度与设计进场速度没有明显偏差。

b) 触水时刻:飞机法向过载出现明显变化,触水(离水)信号出现跳变。

c) 着水终止时刻:飞机地速降至3 m/s以下。

d. 根据各特征点,计算起飞水面滑跑段距离,和空中段水平距离,具体算法如下:

a) 地速积分法:将地速对时间积分,计算出滑跑段和空中段的距离。

b) 直接算法:利用GPS经纬度计算出各特征点直接的距离,或者利用光电经纬仪计算出各特征点之间的距离。

e. 将水面滑跑段的距离和空中段的距离求和,计算总着水距离。

f. 将总起飞距离换算到标准条件下。

具体计算距离的方法和换算方法可参考相关试飞资料。

对于着水研发试飞,载荷专业需根据试飞结果判断飞机着水时的载荷大小,确认着水载荷在安全范围内。

对于陆基飞机不同架次得出的着陆空中段距离分散度较高,需对若干架次进行统计(30 架次),因为水上飞机与陆基飞机着水空中段有些类似,也需统计若干架次,最终得出可信的空中段距离。

6.3　水面加速—停止距离

1) 验证条款

与水面加速—停止距离相关的验证条款为专用条件 F-1。

水面加速—停止距离试飞的直接目的是得出相应状态飞机的加速—停止距离,验证起飞决策速度 V_{1w} 的合理性。其附带的目的是评价飞机在 V_{EFW}(单发停车速度),即发动机停车时飞机的稳定性和操纵性。

2) 背景材料

在水面正常起飞性能的背景介绍中已经分析了水面起飞过程可分为航行阶段、过渡阶段、滑行阶段和起飞阶段。一般加速—停止距离试飞需在 V_{1w} 时采取制动措施,即收油门、控制滑行姿态。起飞性能背景介绍中已经阐明,滑行阶段根据机型不同可以分成两种情况讨论,第一种情况为自然离水速度小于 V_{1w},第二种情况为离水速度大于 V_{1w}。这两种情况对于正常起飞操纵区别不大,但对于终止起飞,操纵区别较大。

(1) V_{GW} 小于 V_{1w} 的情况。

对于全发正常飞机终止起飞,由于收油门后飞机会迅速掉高度,因此会出现类似着水的情况。如果飞机离水高度较低,则飞机触水后可以直接拉杆到底,保持较大纵倾角减速。

对于一发停车的飞机终止起飞,将十分危险。由于飞机是完全离开水面的,而且水上飞机的发动机安装位置较高,因此当关键发动机在发动机停车速度突然停车时,飞机会向停车发动机一侧迅速滚转和偏航,对于终止起飞会非常不利。如果发动机停车后不迅速控制飞机滚转,造成单侧浮筒触水,会使得飞机受触水一侧的浮筒的影响急剧偏航,导致飞行事故的发生。因此,一发停车的飞机终止起飞需试飞员对滚转保持高度警惕，一旦发动机停车，需迅速收所有发动机油门到慢车位减小不平衡力矩，并保持机翼水平，飞机的滚转角不能大于使单侧浮筒触水的滚转角。同时，为了不带大的侧滑角触水，试飞员还需尽量保持航向变化小。此时涉及飞机触水，需尽量保持飞机触水速度小，试飞员需少量拉杆，把飞机姿态调整到接近正常着水姿态上。但是，鉴于此种情况发生时飞机离水面较近，且飞机终止起飞的载荷均在设计阶段有所考虑，所以对飞机触水姿态的控制要求并不十分苛刻，仅需适当控制或在触水前保持飞机姿态不变。

（2）V_{GW} 大于 V_{1w} 的情况。

此种情况较 V_{GW} 小于 V_{1w} 的情况要稍为简单，试飞风险性也小。对于此种情况全发工作的飞机终止起飞，在飞机达到 V_{1w} 时，试飞员需迅速收油门到慢车位，控制俯仰姿态到一个较大的推荐值，保持飞机大姿态减速。控制大姿态十分重要，如果不控制飞机到大姿态状态，则飞机极可能在减速过程中触碰到纵摇下边界而导致危险。

对于一发停车的飞机终止起飞，当飞机在发动机停车速度下突然发生临界发动机停车时，也会遇到单侧浮筒可能触水的问题。但是，此时航向的控制要求没有第一种情况那么苛刻，仅要求航向不要发生突变即可。实际采取中断起飞的措施是当判明一台发动机停车后，立即收所有发动机油门到慢车位置，保持飞机以较大姿态减速，直到飞机停止。

3）数据要求

水面加速—停止距离飞机试验的主要目的是计算加速—停止距离和验证 V_{1w} 的正确性，所以需要的参数应能计算出距离，并能分析 V_{1w} 的正确性。此外，从风险控制的角度，还需计算其他基本参数。

（1）飞机速度参数。

与陆基飞机加速—停止距离试飞类似，水上飞机的加速—停止过程也是速度由小变大再由大变小的过程。试飞员操纵飞机的加速—停止试验也参考校准速度来完成相应的操纵，所以飞机的空速信息是飞机的必需参数。飞机停止的判读点在适航条款中没有专门针对加速—停止距离飞行试验制定，但与着水性能类似，也可以参考地速达到 3 kn 作为飞机的停止点。因此加速—停止距离试验需要同时获取地速和空速信息，即 GPS 速度或者光电测量系统获得的速度。

（2）飞机姿态参数。

在加速—停止距离背景材料中已经述及，飞机的三向姿态对于飞机一台发动机停车和终止起飞十分重要，直接关系到飞机的飞行安全。此外，在加速滑跑段飞机姿态也能说明飞机通过阻力峰单侧机翼是否触水等情况,所以飞机的三向姿态参数是飞机加速—停止距离试验必须采集的数据。

(3)飞机操纵参数与舵面响应参数。

飞机在一台发动机停车和控制飞机终止起飞时,操纵参数十分关键,有助于分析地效条件下气动力矩的变化以及操纵响应,所以飞机的三向操纵参数和舵面响应参数是试飞中必须采集的参数。

(4)飞机过载参数。

对于第一种情况的终止起飞,也涉及判断飞机是否重接水的问题,因此法向过载参数十分关键。纵向过载参数有助于计算飞机加速段的加速度和减速段的减速率,尽管飞机的加速、减速能力一般通过飞机的地速计算,但是纵向加速度可以作为很好的参考,在水上飞机加速—停止过程中建议采集飞机纵向过载参数。背景材料中已经介绍了飞机在操纵减速时,尤其是一发停车的试验中也可能出现带侧滑触水,因此,建议采集飞机的侧向过载参数。

(5)发动机相关参数。

飞机发动机相关参数是判读采取终止起飞的关键参数,例如可以通过一台发动机停车到其余发动机收油门的时间间隔,分析得出试飞员的反应时间。还可以通过发动机油门情况检查试飞员是否按照起飞滑跑终止起飞控制发动机。与陆基飞机类似,加速—停止距离试验应将发动机慢车拉力调整为慢车拉力容差的上限。因此水面加速—停止试飞需采集发动机相关参数,发动机相关参数需标明发动机工作状态和计算发动机拉力。

(6)起落架和襟缝翼参数。

起落架和襟缝翼参数用来表征飞机在加速—停止距离试验阶段飞机的构型能否满足设计要求。

(7)飞机重量和重心参数。

水面加速—停止距离试验的重量和重心是试验构型的要求之一,记录飞机的重量和重心参数有助于验证飞机的构型是否满足试验要求。而且,重量和重心对飞机的水面操纵性和稳定性有重要的影响。

(8)飞机离水高度参数。

在水上飞机正常着水性能试飞中,着水距离的起始点从离着水表面15.2 m(50 ft)计起。与起飞性能类似,离水高度的参数采用无线电高度或GPS高度。

(9)飞机离水(触水)参数。

按照着水性能数据后处理的要求,着水距离的分析分两部分进行,一部分为空中段,从飞机离水面 15.2 m(50 ft)到飞机触水,另一部分从飞机触水点到飞机停止(地速达到 3 kn),如有必要这两部分可以进一步细分。从这个角度来看,飞机的触水点是水上飞机着水性能试飞的关键参数,直接涉及数据后处理的分段工作。根据经验判断飞机的触水可以通过断阶出触水信号和飞机重心处法向过载信号相结合的方式。但这里飞机的触水信号主要指的是飞机断阶处触水信号。

(10) GPS 参数和光电经纬仪数据。

水面加速—停止距离试验的目标之一就是确定终止起飞距离,与起飞距离的计算一样,确定着水距离的方式可以分为速度积分法和直接计算法。所以正常着水性能中需记录和分析 GPS 数据和光电经纬仪数据。

(11) 风速和风向数据。

根据 AC 25 - 7D 的要求,飞机的性能数据均要在一定的风速限制的条件下得出,并根据飞机的试飞结果进行风速和风向的修正。所以风速和风向的数据也是试飞中必须记录的参数。

(12) 环境参数(大气压、温度)。

飞行试验的数据最终写到试飞手册中需要在标准状态的基础上进行扩展,所以试飞结果首先要换算到标准状态下。换算到标准状态所需的参数有试验时的大气压、温度等。

(13) 水面相关参数。

根据 CCAR - 25 - R4 的要求,水上飞机的性能数据需在平静水面得出,所以试验时不但要控制水面条件,而且要在试飞结果中直接给出试验时的浪高等参数。

4) 试验程序

(1) 试验点控制。

水面加速—停止距离试飞中,应考虑临界重心和全重量范围。临界重心视水池模型试验的结果而定,如果重心位置在重心前限,则应在重心后限检查一个状态点,检查表明试验结果相对保守。同时,发动机状态应出于与陆基飞机起飞性能一样的原因考虑临界发动机停车试验,同时发动机慢车拉力应调整为慢车拉力上限。试验状态点设计如下:

a. 重量:水面最大起飞重量、大重量、中等重量、小重量。

b. 重心:临界重心。

c. 襟缝翼:水面起飞位置。

　　d. 起落架：收起。

　　e. 发动机状态：全发收慢车,临界发动机停车(多发飞机),其余发动机收慢车。

　　(2) 试飞条件控制。

　　试验水域浪高不高于 0.2 m。风速和风向与陆基飞机采取同样的控制方式。此外,水面正常起飞性能作为最基本的性能试飞,因为涉及临界发动机停车的科目,所以需要进行前置科目试飞,仅需确认飞机各系统工作正常。

　　a. 前置科目：水上最小操纵速度、临界发动机确定试飞。

　　b. 水面要求：浪高≤0.2 m。

　　c. 水深要求：水深>3 m。

　　d. 温度：不限。

　　e. 高度：覆盖至水面起飞最大使用场高。

　　f. 风速和风向：风速<3 m/s。

　　(3) 试飞方法。

　　水面加速—停止距离试飞,飞机可能存在两种飞行状态,一种是飞机采取终止起飞措施时已经离开水面,另一种是飞机采取终止起飞措施时仍然保持与水面接触,无论哪种状态,操纵方法均类似。从试验项目来说,水面加速—停止距离试飞有单发停车中断起飞和全发工作中断起飞,二者的操纵方法稍有区别。具体操纵方法如下:

　　a. 全发工作加速—停止距离飞行试验。

　　a) 试验前两位飞行员按照水上飞机起飞前检查单对飞机进行检查,确认飞机三向操纵极限位置,确认水舵操纵极限位置,确认无任何告警信息。

　　b) 操纵飞机慢车滑行到指定区域,利用水舵将飞机航向调整为既定航向。

　　c) 按照起飞操作程序缓慢匀速推发动机油门到起飞位置,同时将飞机纵向操纵机构操纵至后止动位,操纵飞机沿着既定航向滑跑。

　　d) 待飞机达到阻力峰速度后,利用飞机纵向操纵机构控制飞机俯仰姿态到断阶滑行状态,同时利用飞机横向操纵控制飞机机翼保持水平,谨防翼尖浮筒触水。

　　e) 飞机在断阶滑行过程中保持速度方向与机头方向一致。

　　f) 待飞机速度达到水面起飞中断速度时,按照水面中断起飞程序收所有油门到慢车位,操纵飞机俯仰姿态到最大值,直到飞机地速小于 3 m/s(如果采取中断起飞时飞机离开水面,则需操纵飞机俯仰姿态到预定值触水,飞机触水后操纵飞机俯仰达到最大值,直到飞机地速小于 3 m/s)。

g)飞机停止后,两位飞行员按照飞行后检查单完成检查。

b. 单发停车水面加速—停止距离飞行试验。

a)试验前两位飞行员按照水上飞机起飞前检查单对飞机进行检查,确认飞机三向操纵极限位置,确认水舵操纵极限位置,确认无任何告警信息。

b)操纵飞机慢车滑行到指定区域,利用水舵将飞机航向调整为既定航向。

c)按照起飞操作程序缓慢匀速推发动机油门到起飞位置,同时将飞机纵向操纵机构操纵至后止动位,操纵飞机沿着既定航向滑跑。

d)待飞机达到阻力峰速度后,利用飞机纵向操纵机构控制飞机俯仰姿态到断阶滑行状态,同时利用飞机横向操纵控制飞机机翼保持水平,谨防翼尖浮筒触水。

e)飞机在断阶滑行过程中保持速度方向与机头方向一致。

f)待飞机速度达到水面发动机失效速度时,操纵飞机临界发动机停车,同时保持飞机滑行方向与机头方向一致,可以适当带滚转但翼尖浮筒不可触水。

g)待飞机速度达到水面起飞中断速度时,按照水面中断起飞程序收所有油门到慢车位,操纵飞机俯仰姿态到最大值,直到飞机地速小于 3 m/s(如果采取中断起飞时飞机离开水面,则需操纵飞机俯仰姿态到预定值触水,飞机触水后操纵飞机俯仰达到最大值,直到飞机地速小于 3 m/s)。

h)飞机停止后,两位飞行员配合按照飞行后检查单完成检查。

(4)数据处理方法。

针对水面加速—停止距离试飞目的,数据处理应对各特征速度进行确认,评价操纵的合理性,然后计算出水面加速—停止距离。具体数据处理方法如下:

a. 对照试验设计评价发动机停车速度及 V_{1w} 时操纵的合理性。

b. 针对合理的试飞数据给出进场速度和下滑角,评价着水过程中的操纵特性。

c. 根据特征点的判断方式,判断起飞各特征点,特征点判断方式如下:

a)开始试验时刻:飞机地速处于 3 m/s,油门杆处于起飞操作过程中或者已经置于起飞位。

b)发动机停车时刻:对于螺旋桨发动机,通过某一可以表征发动机开始停车的参数确认发动机是否停车。

c)决策终止起飞时刻:飞行员已经采取了第一个终止起飞的操纵动作,一般指开始收油门的时刻。

d)试验终止时刻:飞机地速降至 3 m/s 以下。

d. 根据各特征点,计算加速滑跑和减速距离,具体算法如下:

a) 速度积分法:将地速对时间积分,计算加速滑跑和减速距离。

b) 直接计算法:利用 GPS 经纬度计算各特征点直接的距离,或者利用光电经纬仪计算各特征点之间的距离。

e. 将加速滑跑和减速距离求和得出总加速—停止距离。

f. 将总起飞距离换算到标准条件下。

具体计算距离的方法和换算方法可参考相关试飞资料。

如果飞机在采取终止起飞措施时飞机已经离水,则在数据处理中需判断飞机是否有重接水现象,并需载荷专业人员确认飞机的着水载荷是否在安全范围内。

如果试验需评估试飞员判明发动机停车的反应时间,则需通过若干架次试验,统计和分析从发动机停车时刻到试飞员采取第一个减速措施之前的时间,并提供给设计人员。

6.4 水上最小操纵速度

1) 验证条款

与水上最小操纵速度相关的验证条款为专用条件 F-2。

确定水上最小操纵速度,验证单发停车时飞机的操稳特性。

2) 背景材料

对于陆基飞机来说,地面最小操纵速度作为起飞特征速度的边界值之一,是确定发动机停车速度、起飞决策速度等特征速度的重要参考或依据。CCAR-25.149 条对地面最小操纵速度有明确的规定。但是对于水上飞机,因为适航条款不完整,所以没有相应的条款规定。对于一般新研的水上飞机来说,水上最小操纵速度是适航当局要求的必须进行的水上试飞科目。

对于陆基飞机,地面最小操纵速度假定全发工作时飞机加速的航迹沿着跑道中心线,在从临界发动机停车点到航向完全恢复至平行于该中心线的一点的航迹上的任何点偏离该中心线的横向距离不得大于 9.1 m(30 ft)。对于水上飞机,因为验证条款不完整,所以并没有具体偏移距离等方面的指标,但是出于与陆基飞机相同的考核理念应给定某一指标,如偏移距离或偏航角变化量。

从动力学分析来看,当起飞滑跑过程中一台发动机停车时,无论对于陆基飞机还是水上飞机均会出现明显的偏航力矩和滚转力矩,使得飞机向停车一侧的发动机进行偏航和滚转。对于陆基飞机,克服偏航力矩和滚转力矩的方式有蹬舵和压驾驶盘,与此同时起落架支柱的不对称收缩也会提供相反的滚转力矩。所以,陆基飞机在地面最小操纵速度试飞过程中,需保持机翼水平,可以同时依靠反向压驾驶盘和起落架提供的稳定力矩。但是,对于水上飞机,因为水面并非像跑道一样是硬质表面,起落架也没有与水接触,所以水上飞机的偏航力矩可以通过方向舵控制,但是滚转力矩只能依靠反向压驾驶盘提供。同时,水上飞机比陆基飞机的横向操纵要求高,因为水上飞机一般都设计了翼尖浮筒,高速滑行时翼尖浮筒不可以触水。控制翼尖浮筒不触水与高速滑行类似,可用的滚转角的控制范围非常小,因此在进行水上最小操纵速度试飞时应格外注意。

3) 数据要求

水上最小操纵速度试飞需关注和分析的参数应从试飞安全性角度和确定水上最小操纵速度值着手。水上最小操纵速度试飞所需的参数如下:

(1) 速度参数。

水上最小操纵速度试飞的主要目标之一就是确定水上最小操纵速度,一般特征速度值均需按照校准空速给出,所以空速参数是试飞必须记录和监控的参数。但是,考虑到飞机在水面滑行,需分析飞机相对水面的速度,所以地速也是必须记录的参数。

(2) 舵面操纵响应参数。

在进行水上最小操纵速度试飞时,试飞员有压驾驶盘和蹬方向舵的动作,所以舵面操纵响应参数是必须记录并分析的参数。

(3) 操纵参数。

分析水上最小操纵速度,必须分析试飞员的操纵输入,操纵参数必需予以关注。

(4) 发动机相关参数。

发动机相关参数是水上最小操纵速度试飞时的主要参数,是试验的前提条件之一。观测发动机停车时机和操作输入,有助于分析试飞员的反应时间和操纵输入是否达到最大能力。所以涉及发动机的停车参数、拉力参数等需在试飞中格外关注。

(5) 飞机响应参数。

从试飞安全性和参数有效性来讲,飞机的偏航角变化、滚转角变化均为考核飞机水上最小操纵速度的依据,随之需分析的还有偏航角速率、滚转角速率等。

(6) GPS 参数。

对于水上最小操纵速度来讲,如果机型取证试飞的专用条件没有用侧偏距离来衡量,则侧偏距离可能不是最终的考核指标。但是侧偏距离是水上最小操纵速度的重要参考,有助于分析飞机的纠偏能力。侧偏距离的计算一般采用GPS数据绘制滑行航迹,然后分析得出侧偏距离,所以GPS参数需要记录并分析。

(7) 飞机几何参数。

飞机几何参数应主要关注浮筒与吃水线连线与水平面的夹角,进而确定纠偏时滚转角的限值。

(8) 翼尖浮筒触水参数。

在进行水上最小操纵速度试飞时,翼尖浮筒触水会增加试飞风险,所以应关注翼尖浮筒触水参数。

(9) 风速和风向参数。

风速和风向会影响飞机在纠偏时的侧滑角大小,侧滑角大小会影响试飞员的操纵,所以风向和风速也是试飞中应关注的参数之一。

(10) 水面相关参数。

水面相关参数是试验条件之一,也需在最终的试飞报告中给出,所以试验前后均需给出水面浪高、水流速度和方向等参数。

4) 试验程序

(1) 试验点控制。

水上最小操纵速度应在重心后限进行,重量应为小重量。试验状态点设计如下:

a. 重量:小重量。

b. 重心:重心后限。

c. 襟缝翼:水面起飞位置。

d. 起落架:收起。

e. 水舵:收起。

f. 发动机状态:起飞(临界发动机停车)。

(2) 试飞条件控制。

试验水域浪高不高于0.2 m。风速和风向与陆基飞机采取同样的控制方式,最好为静风。本科目为风险科目,需进行前置科目试飞。

a. 前置科目:水面加速—停止距离、单发继续起飞、水面高速转弯、临界发动机确定试飞。

b. 能见度:>3 000 m。

c. 水面要求：浪高≤0.2 m。

d. 水深要求：水深>3 m。

e. 风速风向：风速<3 m/s。

（3）试飞方法。

本科目试飞采用逐渐降低临界发动机停车速度来完成，采用继续起飞的方式，并不直接进行中断起飞。试验应以循序渐进，逐渐降低停车速度的方式进行。速度最大值选择为不大于抬头速度。具体试飞方法如下：

a. 试验前两位飞行员按照水上飞机起飞前检查单对飞机进行检查，确认飞机三向操纵极限位置，确认水舵操纵极限位置，确认无任何告警信息。

b. 操纵飞机慢车滑行到指定区域，利用水舵将飞机航向调整为既定航向。

c. 按照起飞操作程序缓慢匀速推发动机油门到起飞位置，同时将飞机纵向操纵机构操纵至后止动位，操纵飞机沿着既定航向滑跑。

d. 待飞机达到阻力峰速度后，利用飞机纵向操纵机构控制飞机俯仰姿态到断阶滑行状态，同时利用飞机横向操纵控制飞机机翼保持水平，谨防翼尖浮筒触水。

e. 飞机在断阶滑行过程中保持速度方向与机头方向一致。

f. 待飞机速度达到预定速度时，操纵临界发动机停车，试飞员判明临界发动机停车后，利用方向舵操纵飞机到初始航向，在纠偏过程中需尽量保持机翼水平，谨防浮筒触水。

g. 待飞机达到预定速度时，按照预定的抬头率控制飞机继续起飞。

h. 飞机起飞后，两位飞行员按照起飞后检查单完成检查。

（4）数据处理方法。

水上最小操纵速度试飞的目的是确定水上最小操纵速度的大小，为确定水面发动机失效速度提供依据。但是水上操纵速度目前没有明确的标准可以参考，可供选择的参考标准是临界发动机停车后侧偏的距离或航向角的改变应满足某一值，具体值待定。无论具体值是多少，水上最小操纵速度数据处理均可按照确定侧偏距离或航向改变量来进行。具体数据处理方法如下：

a. 对照试验设计，判断飞机试飞操纵的合理性。

b. 绘制飞机的平面航迹，对照飞机临界发动机停车速度时刻来判断飞机侧偏距离或者航向改变量。

c. 对照制订的标准，判断飞机的侧偏距离是否达到要求的速度点，并以此速度点为最小操纵速度的试验结果。

d. 试验中需分析滚转角的变化量，如果滚转角变化会造成翼尖浮筒触水，则需终止试验,并以此速度为水上最小操纵速度的试验结果。

6.5　水面误配平起飞

1) 验证条款

与水面误配平起飞相关的验证条款为 CCAR - 25.107(e)(4)。

验证飞机在误配平情况下的水面起飞距离和操纵特性是否令人满意,是否有不安全的特性。

2) 背景材料

对于陆基飞机,CCAR - 25.107(e)(4)要求,合理预期的起飞操纵程序偏差不得造成不安全的飞行特性,以及起飞距离不得显著增加。起飞配平错误就是合理偏离起飞操纵程序的一种情况。对于水上飞机而言,没有专门的条款要求进行误配平起飞试验。这是由于水上飞机适航条款不完整,并非水上飞机误配平起飞的情况不存在。陆基飞机要求误配平起飞距离不超过按照 CCAR - 25.113确定的正常起飞距离的 1%,但是对于水上飞机来说,起飞距离没有陆基飞机那么精确,所以误配平的起飞距离在可接受的范围内即可。

水面误配平起飞需在平尾配平角度与正常配平角度出现最大偏差的情况下进行,即前重心试验选择平尾后缘下偏至下极限位置进行,后重心试验选择平尾配平角度到后缘上偏至上极限位置进行。在正常起飞性能中,一般前重心平尾配平为平尾后缘偏至上极限位置,后重心试验平尾配平为平尾后缘偏至下极限位置。起飞中平尾配平角度的范围称作起飞配平绿色带,平尾配平角度的极限位置为水面起降时的起飞配平绿色带。水面误配平起飞试验中错误的平尾配平角度会导致飞机总气动升力和俯仰力矩与正常起飞相比产生明显变化。下面以前重心平尾后缘配平至下极限的情况进行分析。

前重心起飞使飞机趋于低头,而平尾配平出现错误未能提供足够的抬头力矩,不能很好地控制飞机在水面滑行的纵倾角。飞机长时间以小纵倾角在水面滑行,阻力特性与正常起飞的阻力特性不同。在同样的速度条件下,正常纵倾角产生的水动升力与气动升力的合力等于飞机的重力,而小纵倾角的机翼迎角较小,气动升力也较小,可以得出小纵倾角条件下水动升力较大的结论。水动升力与纵倾角、机身船体触水面积、升力线斜率有关,对于同一架水上飞机,假如升力线斜率一定,则小纵倾角滑行的触水面积会增大。根据水动力学基础中的摩擦阻力知识,小纵倾角产生的摩擦阻力会增大。但是,小纵倾角水动阻力与纵倾角的余弦值成正比,与触水面积成反比,根据粗略的分析很难得到水动阻力与纵倾角的关系。因此,在进行误配平起飞试验前,需对试验机的水池试验或者水动数值计算的结果进行分析,得出纵倾角和水动阻力的关系,然后确定误配平起飞的试飞计划和风险分析。

后重心的误配平起飞与前重心的误配平起飞的阻力变化分析类似,也很难得出重心变化和配平变化对起飞阻力的影响,需根据设计模型的水池试验或数值分析得出。

水面误配平起飞与陆基飞机类似,可以采用两种试飞方案进行。一种是平尾配平角度逼近法,另一种是重量逼近法。所谓平尾配平角度逼近法是指试验中重量为目标重量,平尾配平角度逐步逼近目标值;重量逼近法是指试验中平尾配平角度在目标值,重量由小到大逐步逼近目标重量。水平尾翼配平角度逼近法可以得出配平角度不同引起的起飞距离的变化,进一步修正绿色带的预定值,而重量逼近法修正绿色带预定值较为困难,因此,推荐平尾配平角度逼近法作为试验方法。具体采用哪种方法应根据实际试飞情况而定。

3) 数据需求

与水面起飞性能类似,误配平起飞的试验目的是得出误配平条件下的起飞距离,因此,测试参数可以参考水面正常起飞性能的测试参数,但分析试飞数据的方式略有不同。需要测试如下参数。

(1) 飞机速度参数。

因为试飞员操纵飞机主要参考表速,误配平起飞时需要分析试飞员在各特征速度下的操纵是否合适,所以需记录和分析飞机速度参数。

(2) 飞机姿态参数。

误配平起飞时,飞机起飞抬头率可能因为配平的不同而控制困难,例如飞机在前重心平尾配平至下极限位置时,飞机的稳定性增加,需更多的拉杆输入。所以,误配平试验需分析抬头过程中俯仰角和俯仰角速率的大小。关于航向角和滚转角的变化可以参考正常起飞性能的分析。

(3) 飞机的操纵参数与舵面响应参数。

水面误配平起飞控制飞机需分析各操纵输入和舵面响应,所以试飞中需记录和分析这些参数。

(4) 飞机过载参数。

飞机的法向过载有助于判断飞机离水,侧向过载有助于判断飞机是否带着侧滑起飞,纵向过载有助于分析纵向加速度大小。这些加速度,尤其是法向过载和纵向过载均有可能由于误配平而产生变化,所以应记录和分析。

（5）发动机相关参数。

发动机相关参数作为试飞中的动力参数需要关注，尤其是对于单发起飞的试验点。

（6）襟缝翼参数和配平参数。

襟缝翼参数和配平参数是确认飞机构型的参数，需确认。

（7）各种告警参数。

误配平起飞的试验目的之一就是验证是否出现不安全的状态。告警信号，尤其是失速告警是不安全状态的主要参考，所以应该记录和分析。

（8）飞机重量和重心参数。

飞机重量和重心参数是试验点设计的条件之一，需确认和分析。

（9）飞机离水高度参数。

与水面起飞性能一样，离水高度参数一般通过观察无线电高度获得，是判断飞机是否完成起飞的重要参数。

（10）飞机离水（触水）参数。

飞机离水（触水）参数是判断飞机离水的状态的主要参数，需分析和确认，进而分析离水速度、姿态等，便于后续性能分析。

（11）风速和风向数据。

风速和风向数据是试验外部条件之一，需记录，并在后续试飞结果修正中予以考虑。

（12）环境参数（大气压、温度）。

与风速和风向数据类似，环境参数也是试验外部条件。

（13）水面相关参数。

水面相关参数对试飞结果可能产生影响，需记录和分析。试验中还需确认水面相关参数是否满足试飞要求。

4）试验程序

（1）试验点控制。

水面误配平起飞性能应考虑重心前限和后限。重心前限对应水面最大起飞重量，平尾在前缘偏至上极限位置；重心后限对应小重量，平尾在前缘偏至下极限位置。无论是重心前限还是重心后限均不需要考虑临界发动机停车。试验状态点设计如下：

a. 重量：水面最大起飞重量、小重量。

b. 配平位置：错误极限配平。

c. 重心：重心前限和重心后限。

d. 襟缝翼：水面起飞位置。

e. 起落架：收起。

f. 发动机状态：全发工作。

（2）试飞条件控制。

试验水域浪高不高于 0.2 m。风速和风向与陆基飞机采取同样的控制方式。此外，水面误配平起飞性能为不正常起飞，存在一定的风险，要进行部分前置科目试飞。

a. 前置科目：正常起飞性能。

b. 水面要求：浪高≤0.2 m。

c. 水深要求：水深>3 m。

d. 温度：不限。

e. 风速和风向：风速<3 m/s。

（3）试飞方法。

水面误配平起飞不需要考虑单发停车起飞的状态点，所以仅需制订全发起飞的试飞方法：

a. 试验前两位飞行员按照水上飞机起飞前检查单对飞机进行检查，确认飞机三向操纵极限位置，确认水舵操纵极限位置，确认无任何告警信息。

b. 操纵飞机慢车滑行到指定区域，利用水舵将飞机航向调整为既定航向。

c. 按照既定的配平要求设置平尾配平。

d. 按照起飞操作程序缓慢匀速推发动机油门到起飞位置，同时将飞机纵向操纵机构操纵至后止动位，操纵飞机沿着既定航向滑跑。

e. 待飞机达到阻力峰速度后，利用飞机纵向操纵机构控制飞机俯仰姿态到断阶滑行状态，同时利用飞机横向操纵控制飞机机翼保持水平，谨防翼尖浮筒触水。

f. 飞机在断阶滑行过程中保持速度方向与机头方向一致。

g. 待飞机速度达到抬头速度时，按照给定的抬头率控制飞机抬头并起飞。

h. 飞机完成起飞后，两位飞行员完成起飞后检查单。

大重量前重心，平尾前缘偏至上极限位置的试验点起飞可能存在抬头操纵困难的问题，所以需在抬头速度点果断拉杆起飞；小重量后重心，平尾前缘偏至下极限位置的试验点起飞可能存在过早抬头的问题，当飞机出现抬头趋势时应控制飞机的俯仰姿态在正常范围内，谨防触发纵摇上边界，当飞机速度达到抬头速度时,根据实际情况拉杆操纵飞机起飞。

（4）数据处理方法。

尽管水面误配平起飞没有明确的起飞距离与正常起飞的容差要求,但是水面误配平起飞的起飞距离不应过大,仍需与实际起飞距离进行比较得出偏差量。水面误配平起飞的起飞距离参考水面正常起飞性能给出。水面误配平起飞的另一个目的是评价误配平条件下的操纵特性,评价方法如下:

a. 计算抬头时刻的抬头率,与正常起飞性能的抬头率进行比较,结合试飞员的操纵输入,评价误配平条件下起飞的困难程度。

b. 读取离水后的告警信息,尤其是失速告警,评价误配平条件下是否有不安全的飞行特性。

c. 对起飞断阶滑跑过程中纵倾角进行分析,得出误配平条件下飞机滑跑的纵倾角是否有过度偏离情况。

d. 评价断阶滑跑时的滚转角,并结合试飞员评述给出控制翼尖浮筒不触水操纵的难易程度。

e. 给出试飞员评述(试飞员应从操纵特性和飞机稳定性的角度进行评述)。

6.6　水面过早过度抬头起飞

1) 验证条款

与水面过早过度抬头起飞相关的验证条款为 CCAR‑25.107(e)(4)。

验证飞机在过早过度抬头情况下的水面起飞距离和操纵特性是否令人满意,是否出现不安全的飞行状态。

2) 背景材料

对于陆基飞机来说,过早过度抬前轮共有三个试飞状态点:第一个为过早抬前轮;第二个为过度抬前轮;第三个为过早过度抬前轮。其中过早抬前轮和过度抬前轮试验点是过早过度抬前轮试验点的过渡试验点。对于水上飞机来说,起飞时前轮收起在前起落架舱内,其实没有“抬前轮”的概念,但是起飞时拉杆动作与陆基飞机类似,因此沿用陆基飞机的概念,定为抬头速度。

水面过早抬头起飞与陆基过早抬前轮起飞的动力学分析类似,主要考虑在过早抬头时起飞后操作特性是否满意,起飞距离是否可以接受。过早抬头水面滑行段与正常起飞的滑行段一致,只是起飞拉杆时机稍有提前,可以减小水面滑行段的起飞距离,但是起飞后由于飞机的速度较小,空中段的距离有所加长,故对起飞距离可能产生影响。空中段的距离与飞机的剩余功率有关,可以参考爬升过程的动力学分析得出。但是起飞后是否有满意的操纵特性主要与速度有关,由于起飞后飞机的速度较正常起飞后的速度小,因此飞机的控制舵面效率也可能小,飞行操纵可能不满意。

水面过度抬头也与陆基飞机过度抬前轮动力学分析类似。分析起飞距离时,过度抬头起飞的水面滑行距离与正常起飞的水面滑行距离完全一致,起飞距离的变化主要由过度抬头引起。过度抬头时,俯仰角较正常起飞大 2°(参考陆基飞机过度抬前轮要求),起飞后的迎角也相应增大,升阻力同时增大,可能导致剩余功率减小,飞机的爬升能力减弱,造成飞机长时间在近水面滑行,最终导致起飞距离变长。

水面过早过度抬头起飞则是同时考虑了过早抬头和过度抬头的因素,此处不再赘述。

3) 数据需求

与误配平起飞类似,过早抬头和过度抬头起飞的试验目的是得出相应条件下的起飞距离,因此,测试参数可以参考水面正常起飞性能的测试参数,但分析试飞数据的方式略有不同。需要测试如下参数。

(1) 飞机的速度参数。

过早抬头和过度抬头起飞的主要操纵方式之一是在指定的速度点抬拉杆起飞,并将起飞姿态控制在预定值。试验中需记录和分析速度参数。

(2) 飞机姿态参数。

飞机的俯仰姿态是过度抬头的判断标准之一,滚转、偏航则是判断飞机起飞是否出现危险的主要参数,所以应同时记录。

(3) 飞机的操纵参数与舵面响应参数。

过度抬头和过早抬头起飞控制飞机,需分析各操纵输入和舵面响应,所以试飞中需记录和分析这些参数。

(4) 飞机过载参数。

与误配平起飞一样,飞机的法向过载有助于判断飞机离水,侧向过载有助于判断飞机是否带着侧滑起飞,纵向过载有助于分析纵向加速度大小。

(5) 发动机相关参数。

发动机相关参数作为试飞中的动力参数需要关注,尤其是对于单发起飞的试验点。

(6) 襟缝翼参数。

襟缝翼参数是确认飞机构型的参数,需确认。

（7）各种告警参数。

过早抬头和过度抬头起飞的试验目的之一就是验证过早抬头和过度抬头起飞时是否出现不安全的状态。告警信号,尤其是失速告警是不安全状态的主要参考,所以应该记录和分析。

（8）飞机重量和重心参数。

飞机重量和重心参数是试验点构型设计的条件之一,需确认和分析。

（9）飞机离水高度参数。

与水面起飞性能一样,离水高度参数一般通过观察无线电高度获得,是判断飞机是否完成起飞的重要参数。

（10）飞机离水（触水）参数。

飞机离水（触水）参数是判断飞机离水的状态的主要参数,需分析和确认,进而分析离水速度、姿态等,便于后续性能分析。

（11）风速和风向数据。

风速和风向数据是试验外部条件之一,需记录,并在后续试飞结果修正中予以考虑。

（12）环境参数（大气压、温度）。

与风速和风向数据类似,环境参数也是试验外部条件。

（13）水面相关参数。

水面相关参数对试飞结果可能产生影响,需记录和分析。试验中还需确认水面相关参数是否满足试飞要求。

4）试验程序

（1）试验点控制。

水面正常起飞性能中,应考虑重心前限和全重量范围。试验状态点设计如下：

　　a. 重量：水面最大起飞重量、小重量。

　　b. 配平位置：正常。

　　c. 重心：重心前限。

　　d. 襟缝翼：水面起飞位置。

　　e. 起落架：收起。

　　f. 发动机状态：全发工作、临界发动机停车（多发飞机）。

（2）试飞条件控制。

试验水域浪高不高于 $0.2\,\mathrm{m}$。风速和风向与陆基飞机采取同样的控制方式。此外,水面过早过度抬头试飞为不正常起飞,存在一定的风险,要进行部分前置科目试飞,并在试验顺序上予以合理考虑。

　　a. 前置科目:正常起飞性能。

　　b. 试验顺序:① 过早抬头;② 过度抬头;③ 过早过度抬头。

　　c. 水面要求:浪高≤0.2 m。

　　d. 水深要求:水深>3 m。

　　e. 温度:不限。

　　f. 风速和风向:风速<3 m/s。

　　(3) 试飞方法。

本科目包括过早抬头、过度抬头、过早过度抬头以及单发过早过度抬头四个试验点,其中过早抬头和过度抬头试飞是过早过度抬头试飞的前置科目,需首先完成。具体的试验方法如下:

　　a. 过早抬头。

　　a) 试验前两位飞行员按照水上飞机起飞前检查单对飞机进行检查,确认飞机三向操纵极限位置,确认水舵操纵极限位置,确认无任何告警信息。

　　b) 操纵飞机慢车滑行到指定区域,利用水舵将飞机航向调整为既定航向。

　　c) 按照既定的配平要求设置平尾配平。

　　d) 按照起飞操作程序缓慢匀速推发动机油门到起飞位置,同时将飞机纵向操纵机构操纵至后止动位,操纵飞机沿着既定航向滑跑。

　　e) 待飞机达到阻力峰速度后,利用飞机纵向操纵机构控制飞机俯仰姿态到断阶滑行状态,同时利用飞机横向操纵控制飞机机翼保持水平,谨防翼尖浮筒触水。

　　f) 飞机在断阶滑行过程中保持速度方向与机头方向一致。

　　g) 待飞机速度达到预定速度 $V_R - 5$ kn 时,按照给定的抬头率控制飞机抬头并起飞。

　　h) 飞机完成起飞后,两位飞行员完成起飞后检查单。

　　b. 过度抬头。

　　a) 试验前两位飞行员按照水上飞机起飞前检查单对飞机进行检查,确认飞机三向操纵极限位置,确认水舵操纵极限位置,确认无任何告警信息。

　　b) 操纵飞机慢车滑行到指定区域,利用水舵将飞机航向调整为既定航向。

　　c) 按照既定的配平要求设置平尾配平。

　　d) 按照起飞操作程序缓慢匀速推发动机油门到起飞位置,同时将飞机纵向操纵机构操纵至后止动位,操纵飞机沿着既定航向滑跑。

e) 待飞机达到阻力峰速度后,利用飞机纵向操纵机构控制飞机俯仰姿态到断阶滑行状态,同时利用飞机横向操纵控制飞机机翼保持水平,谨防翼尖浮筒触水。

f) 飞机在断阶滑行过程中保持速度方向与机头方向一致。

g) 待飞机速度达到预定抬头速度时,按照给定的抬头率控制飞机抬头至预定俯仰角(比正常俯仰角大 $2°$)并起飞。

h) 飞机完成起飞后,两位飞行员完成起飞后检查单。

c. 过早过度抬头。

a) 试验前两位飞行员按照水上飞机起飞前检查单对飞机进行检查,确认飞机三向操纵极限位置,确认水舵操纵极限位置,确认无任何告警信息。

b) 操纵飞机慢车滑行到指定区域,利用水舵将飞机航向调整为既定航向。

c) 按照既定的配平要求设置平尾配平。

d) 按照起飞操作程序缓慢匀速推发动机油门到起飞位置,同时将飞机纵向操纵机构操纵至后止动位,操纵飞机沿着既定航向滑跑。

e) 待飞机达到阻力峰速度后,利用飞机纵向操纵机构控制飞机俯仰姿态到断阶滑行状态,同时利用飞机横向操纵控制飞机机翼保持水平,谨防翼尖浮筒触水。

f) 飞机在断阶滑行过程中保持速度方向与机头方向一致(在进行单发过早过度抬头试飞时,待飞机速度达到水面发动机失效速度时,操纵临界发动机失效,并同时保持飞机滑行方向与机头指向一致,可以适当带一定的滚转角,但须谨防翼尖浮筒触水)。

g) 待飞机速度达到预定速度 $V_R - 5\ \mathrm{kn}$ 时,按照给定的抬头率控制飞机抬头至预定俯仰角(比正常俯仰角大 $2°$)并起飞。

h) 飞机完成起飞后,两位飞行员完成起飞后检查单。

(4) 数据处理方法。

与水面误配平起飞类似,水面过早过度抬头起飞没有明确的起飞距离与正常起飞容差方面的要求,但是过早过度抬头起飞的起飞距离不应过大,仍需与实际起飞距离进行比较,得出偏差量。水面过早过度抬头的起飞距离参考水面正常起飞性能给出。过早过度抬头起飞的操纵特性评价和特征参数判断方法如下:

a. 过早抬头起飞中需判断抬头速度是否与试验设计的抬头速度一致;过度

抬头起飞中需判断起飞抬头后飞机的俯仰姿态是否连续增大至目标值;过早过度抬头起飞中,需将过早抬头起飞和过度抬头起飞的判读方式结合,来判断飞机起飞动作的有效性。

b. 过度抬头和过早抬头试验点还需判断飞机在操纵起飞时,机尾是否有触水或者即将触水的趋势。

c. 读取离水后的告警信息,尤其是失速告警,评价过早过度抬头试飞是否有不安全的飞行特性。

d. 所有试验点均需注意起飞后的爬升率,给出爬升率是否可接受的结论。

e. 给出试飞员评述。

6.7　水面最大可用速率抬头起飞

1) 验证条款

与水面最大可用速率抬头起飞相关的验证条款为 CCAR - 25.107(e)(3)。

验证水面最大可用抬头速率条件下飞机的离水速度,验证最大可用抬头速率起飞时飞机是否有危险特性(如失速告警、异常抖动)。

2) 背景材料

对于陆基飞机,按照 CCAR - 25 - R4 的要求以及 AC 25 - 7D 的相关解读,最大可用速率抬前轮试飞的目的是表明申请人选择的飞机抬前轮速度 V_R 必须足够安全,即在审定的推重比范围内,使用可能的最大可用抬头速率抬前轮起飞条件下,飞机的离地速度 V_{LOF} 都必须距离最小离地速度存在足够的速度裕度,即不小于全发工作 V_{MU} 的 110%,且不小于单发停车确定的 V_{MU} 的 105%。

对于水上飞机,很多飞机制造厂商并不进行水面最小离水速度的试飞,因为对于水上飞机来说,离水速度并不十分关键,而且起飞特征速度也不以最小离水速度作为边界值来确定。但是最大可用速率抬头起飞作为一种操纵失误,需在试飞中予以验证。验证结果需标明在最大可用抬头速率条件下起飞飞机的响应正常,未出现危险特性,并给出相应的起飞离水速度。

关于确定什么样的抬头速率才是最大可用抬头速率的问题需要额外说明。参考 AC 25 - 7D 中的解释,最大可用抬头速率可以理解为"maximum practicable rate",即"实际可行的最大抬头速率"。实际可行的最大抬头速率应该由试飞员来判断。试验过程中,应采取逐次增大抬头速率的方式进行此试验,如果试飞员认为某一抬头速率是可以接受的最大抬头速率,则终止试验,并将对应架次的抬头速率作为最大可用速率,相应的试飞结果也由该试验得出。

3）数据需求

最大可用抬头速率起飞的试验目的是验证最大可用抬头速率起飞时，飞机是否有危险性（失速警告、异常抖动），因此，测试参数可以参考水面正常起飞性能的测试参数，但分析试飞数据的方式略有不同。需要测试如下参数。

（1）飞机速度参数。

最大可用抬头速率起飞，需按照正常起飞性能控制飞机，仅仅在抬前轮速率控制方面略有不同，所以应给出飞机速度参数。

（2）飞机姿态参数。

最大可用抬头速率起飞，控制抬头速率时可能引起控制俯仰姿态困难，所以飞机的俯仰姿态应该考虑。出于与起飞其他科目相同的考虑，滚转、偏航等参数也需关注。

（3）飞机的操纵参数与舵面响应参数。

水面最大可用抬头速率起飞控制飞机，需分析各操纵输入和舵面响应，所以试飞中需记录和分析这些参数。

（4）飞机过载参数。

法向过载有助于判断飞机离水，侧向过载有助于判断飞机是否带着侧滑起飞，纵向过载有助于分析纵向加速度大小。

（5）发动机相关参数。

发动机相关参数作为试飞中的动力参数需要关注，尤其是对于单发起飞的试验点。

（6）襟缝翼参数。

襟缝翼参数是确认飞机构型的参数，需确认。

（7）各种告警参数。

过早抬头和过度抬头起飞的试验目的之一就是验证最大可用速率抬头起飞时是否出现不安全的状态。告警信号，尤其是失速告警是不安全状态的主要参考，所以应该记录和分析。

（8）飞机重量和重心参数。

飞机重量和重心参数是试验点构型设计的条件之一，需确认和分析。

（9）飞机离水高度参数。

与水面起飞性能一样，离水高度参数一般通过观察无线电高度获得，是判断飞机是否完成起飞的重要参数。

（10）飞机离水（触水）参数。

飞机离水（触水）参数是判断飞机离水的状态的主要参数，需分析和确认，进而分析离水速度、姿态等，便于后续性能分析。

（11）风速和风向数据。

风速和风向数据是试验外部条件之一，需记录，并在后续试飞结果修正中予以考虑。

（12）环境参数（大气压、温度）。

与风速和风向数据类似，环境参数也是试验外部条件。

（13）水面相关参数。

水面相关参数对试飞结果可能产生影响，需记录和分析。试验中还需确认水面相关参数是否满足试飞要求。

4）试验程序

（1）试验点控制。

水面最大可用速率抬头试飞中，应考虑重心前限，重量应为水面最大起飞重量和小重量进行。同时，还需考虑单发停车的起飞。试验状态点设计如下：

　　a. 重量：水面最大起飞重量、小重量。

　　b. 配平位置：错误极限配平。

　　c. 重心：重心前限。

　　d. 襟缝翼：水面起飞位置。

　　e. 起落架：收起。

　　f. 发动机状态：全发工作、单发停车。

（2）试飞条件控制。

试验水域浪高不高于 $0.2\,\mathrm{m}$。风速和风向与陆基飞机采取同样的控制方式。此外，最大可用速率抬头起飞是不正常的起飞试验，存在一定的风险，要进行部分前置科目试飞。

　　a. 前置科目：正常起飞性能。

　　b. 水面要求：浪高≤$0.2\,\mathrm{m}$。

　　c. 水深要求：水深>$3\,\mathrm{m}$。

　　d. 温度：不限。

　　e. 风速和风向：风速<$3\,\mathrm{m/s}$。

（3）试飞方法。

最大可用速率抬头试飞需考虑全发工作单发起飞两种试飞方法，具体如下：

a. 全发最大可用速率抬头试飞。

a）试验前两位飞行员按照水上飞机起飞前检查单对飞机进行检查,确认飞机三向操纵极限位置,确认水舵操纵极限位置,确认无任何告警信息。

b）操纵飞机慢车滑行到指定区域,利用水舵将飞机航向调整为既定航向。

c）按照起飞操作程序缓慢匀速推发动机油门到起飞位置,同时将飞机纵向操纵机构操纵至后止动位,操纵飞机沿着既定航向滑跑。

d）待飞机达到阻力峰速度后,利用飞机纵向操纵机构控制飞机俯仰姿态到断阶滑行状态,同时利用飞机横向操纵控制飞机机翼保持水平,谨防翼尖浮筒触水。

e）飞机在断阶滑行过程中保持速度方向与机头方向一致。

f）待飞机速度达到抬头速度时,以实际可行的最大抬头速率控制飞机抬头并起飞。

g）飞机完成起飞后,两位飞行员完成起飞后检查单。

b. 单发最大可用速率抬头试飞。

a）试验前两位飞行员按照水上飞机起飞前检查单对飞机进行检查,确认飞机三向操纵极限位置,确认水舵操纵极限位置,确认无任何告警信息。

b）操纵飞机慢车滑行到指定区域,利用水舵将飞机航向调整为既定航向。

c）按照起飞操作程序缓慢匀速推发动机油门到起飞位置,同时将飞机纵向操纵机构操纵至后止动位,操纵飞机沿着既定航向滑跑。

d）待飞机达到阻力峰速度后,利用飞机纵向操纵机构控制飞机俯仰姿态到断阶滑行状态,同时利用飞机横向操纵控制飞机机翼保持水平,谨防翼尖浮筒触水。

e）待速度达到水面发动机失效速度时,操纵临界发动机停车,同时保持飞机滑行方向与机头方向一致,可以适当带滚转但翼尖浮筒不可触水。

f）待飞机速度达到抬头速度时,以实际可行的最大抬头速率控制飞机抬头并起飞。

g）飞机完成起飞后,两位飞行员完成起飞后检查单。

最大可用速率抬头试飞,抬头速率不可能一次达到最大抬头速率,应重复过渡几个架次,并逐步增大抬头速率,直到试飞员认为抬头速率不可再继续增大为止。

（4）数据处理方法。

水面最大可用速率抬头起飞,需判读离水速度,判读起飞后的操纵特性,给

出实际的抬头速率,具体数据处理方法如下:

a. 最大可用速率抬头起飞数据处理首先需判断飞机抬头时机是否把握得当。

b. 最大可用速率抬头起飞试验点还需判断飞机实际的抬头速率,并判断飞机在操纵起飞时,机尾是否有触水或者即将触水的趋势。

c. 判读飞机的离水点,给出离水速度。

d. 读取离水后的告警信息,尤其是失速告警,评价是否有不安全的飞行特性。

e. 给出试飞员评述。

6.8　水面低速转弯

1)验证条款

与水面低速转弯相关的验证条款包括 CCAR - 25. 231(b)、CCAR - 25.239,专用条件 F - 2。

验证水上飞机水面低速转弯时的操纵特性和转弯半径。

2)背景材料

水上飞机在低速滑行时,往往会因为水面浮标的引导或根据实际需要对航向做出调整,需要验证水上飞机的转弯特性。一般水上飞机在水面低速转弯的方式有如下几种:

(1)仅依靠水舵转弯。

(2)发动机差动拉力转弯。

(3)发动机反桨转弯。

(4)水舵和发动机差动拉力相结合转弯。

(5)水舵和发动机反桨相结合转弯。

对于某些飞机来说可能并没有水舵设计或发动机反桨设计,所以可选的转弯方式受到一定的限制。一般来说,如果在低速和轻风时使用水舵转弯,则水舵与方向舵相连。对于陆基飞机,副翼位置应可以使风抬起一个机翼的可能性最小。对于大多数飞机,因为发动机扭矩的影响,左转弯比右转弯更容易。大多数水上飞机可在静风或轻风条件下,在小于翼展的半径内转弯。水舵在低速时更有效,因为速度较高时,浮筒尾部搅动附近的水,使水舵效率降低。当飞机滑行速度超过某一限制值时,水舵可能受到撞击而损伤,所以高速时水舵往往需要收起。

风标效应对于水上飞机十分明显,尤其在较强风力下,风标效应可能使得水上飞机难以转向顺风。对于螺旋桨式水上飞机,如果螺旋桨尾流通过方向舵,通常通过短脉冲发动机功率就可在方向舵上提供足够空气来克服风标效应。因为升降舵后缘一直上偏,气流也会让机尾吃水更深,使得水舵更高效。功率的短脉冲要好过更长、持续的功率应用,因为使用持续功率时,水上飞机会增速,转弯半径会增大,而且浮筒后水的搅动也会降低水舵有效性。与此同时,低冷却气流可能会造成发动机超温。

速度较高时,离心力易于让水上飞机朝转弯的外侧倾斜。当从逆风航向转向顺风航向时,风力与离心力反向,有助于稳定水上飞机。当从顺风转向逆风时,风力作用于机身和机翼外侧,增加了水上飞机向转弯外侧倾斜的趋势,使得顺风位置浮筒吃水更深。在小转弯或强风时,这两个力的结合可能足以让水上飞机倾斜到顺风位置的浮筒完全浸入水中或外侧机翼拖在水里,甚至可能将水上飞机掀得底朝天。水上飞机越倾斜,会使更多的机翼垂直区域受风力影响,侧风效应越大(见图6-4)。

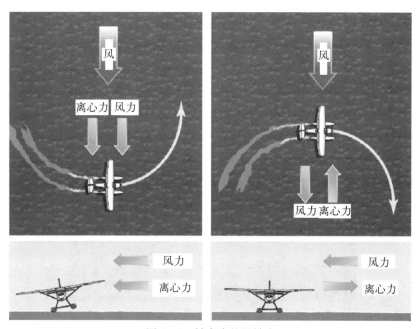

图6-4　转弯中的风效应

当风力和离心力作用方向相同时,顺风位置浮筒会被迫入水。当风力与离心力方向相反时,水上飞机更加稳定。

当转至逆风时,通常完成转弯需要将方向舵置于中立位置,让水上飞机像风标一样进入风中。如果直接顺风滑行,一瞬间使用方向舵开始转弯,然后让风完成转弯。有时可能需要使用反舵来控制转弯率。

更大的风可能使从逆风转到顺风更困难。当其他技术不适合时,滑行转弯是转到顺风的一个操纵技术,但此技术仅在某些水上飞机上有效。它利用了与在飞行中降低浮筒式水上飞机偏航稳定性相同的因素:重心前浮筒大的垂直区域。在犁形姿态下,每个浮筒的前部都会浮出水面,呈现出风可以作用的大垂直表面,这易于中和风标效应,允许转弯继续。与此同时,浮力中心向后移,因为这是水上飞机在水上时沿其转动的轴,现在机身大部分在轴的前部,少部分在轴线的后方,从而进一步减弱了风标效应的趋势。在某些水上飞机中,在水上滑行的姿态中这个变化十分明显,使其经历相反的风标效应,并趋向于转向顺风而不是逆风。有经验的水上飞机飞行员有时可以使用油门作为大风条件下的转弯工具,通过在转向顺风时增加功率形成抬机头位置,然后降低功率让水上飞机通过风标效应进入风中(见图6-5)。

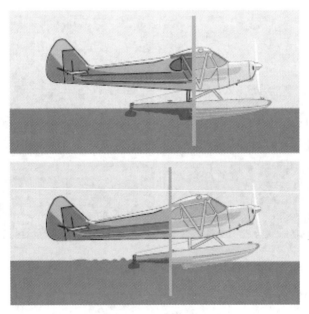

图6-5　在水上飞机滑行的位置中,浮筒前的暴露区域以及
浮力中心的后移可辅助低效风标效应

为了执行一次滑行转弯,先向右转,然后使用风标效应和左满舵转回到左。随着水上飞机经过其原有的逆风航向,增加足够的功率使其位于滑行位置,使用

方向舵继续转弯。随着水上飞机到达顺风航向,降低功率并回到慢车滑行。自上看,转弯的轨迹看着像一个问号(见图6-6)。

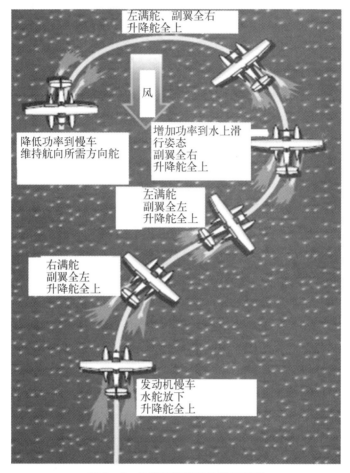

图6-6　从逆风到顺风的滑行转弯

滑行转弯会让飞行员暴露在很多潜在的危险中,所以仅在有限的情况下使用。不应在粗糙水面或阵风条件下尝试。浮筒式水上飞机在水上滑行姿态中最不稳定,且易于颠覆。当处于抬头姿态时,大功率设置常常会对螺旋桨造成喷溅损伤。在大多数有风的情况下,水上飞机向后航向(如下文解释)比尝试滑行转弯更安全。

水上飞机在断阶滑行时,转弯需要在众多来自不同方向的力的作用下小心地维持平衡。随着转弯率上升,浮筒被迫在通过水面时向侧面移动,但阻力会抵抗此侧面移动,与在带外侧滑转弯中的飞机机身情况类似。需要更多的动力来克服此阻力并保持滑水速度。此侧滑力也倾向于让飞机朝着转弯外侧滚转,使外侧浮筒吃水更深,并在该侧增加更多阻力。为了防止这一问题,使副翼朝向转弯的方向,保持外侧机翼不向下掉。一旦使全副翼进入断阶滑行转弯,仅能通过降低转弯率来阻止飞机进一步向外侧滚转,因此要注意机翼角度和浮筒上水阻力的感觉,捕获所有外侧浮筒开始浸没的指示。当停止断阶滑行转弯时,在降低功率前总是回到直线轨迹。

在断阶滑行速度下,转弯中的离心力比慢速滑行时大得多,因此从顺风向逆风的转弯所涉及的力更多,情况也更加危险,在大风条件下危险性尤为突出。很有可能当飞行员发现外侧浮筒浸没时,事故已经不可避免。此时,立即满舵脱离转弯和降低功率可能会通过反转离心力和允许浸没浮筒浮出来挽回局势。

3) 数据需求

水上飞机低速转弯飞行试验的目的是验证水上飞机的低速转弯特性并给出相应条件下的转弯半径,因此应从控制飞机的转弯能力和考察影响飞机转弯的因素的角度提出参数需求。经过梳理,水上飞机低速转弯试飞需要如下参数。

(1) 飞机速度参数。

水上飞机水面低速转弯受到速度的影响,尤其是水上飞机相对水的速度参数。速度的大小会影响水舵的多面效率和转弯时的离心力。对于平静水面,水上飞机相对水的参数可以用地速来代替。

(2) 飞机水舵和操纵响应舵面参数。

水上飞机的水舵是水上飞机转弯过程中主要提供偏航力矩的操纵舵面,因此水舵参数是最关键的参数之一。在需要控制飞机滚转或纵倾角时,试飞员一般会通过控制升降舵和副翼来完成。尽管低速时飞机的舵面效率很低,但是发动机尾流吹过升降舵,自然风吹过副翼表面,通过副翼和升降舵可以在某种程度上控制飞机,所以水舵、升降舵、副翼参数是水上飞机低速转弯时必须分析的参数。

(3) 飞机操纵参数。

水上飞机低速转弯的一个目的是需要试飞员评价飞机的操纵性,操纵参数可以作为试飞员的辅助性依据。而且,对于试飞数据分析来说,操纵参数有助于分析水上飞机低速转弯过程中输入和转弯特性之间的关系。所以操纵参数也是水上飞机转弯试飞的重要参数。

(4) 发动机相关参数。

水上飞机低速转弯过程中,除了利用水舵之外,发动机不对称拉力或者反桨操纵也是主要的操纵方式。再者,水上飞机低速转弯时,发动机很容易超温,所以分析或监控发动机相关参数对评价水上飞机转弯特性十分关键。

（5）飞机响应参数。

从影响飞机的转弯特性的角度来分析，飞机的纵倾角、滚转角是飞机转弯过程中十分重要的参数。分析飞机的滚转角有助于分析转弯过程中单侧浮筒是否触水，试飞员的操纵是得当。而航向和偏航速率参数是评价转弯的主要参数，有助于分析转弯能力是否满足试飞要求和设计指标。所以飞机的响应参数是水上飞机转弯飞行试验的必需参数。

（6）GPS 参数。

在计算水上飞机转弯半径时，首先要计算的是飞机加装 GPS 天线的转弯半径，并给出 GPS 速度。所以 GPS 的参数是转弯飞行试验的必需参数。

（7）飞机几何参数。

对于试飞手册来说，给出飞机某一点的转弯半径还不够，需将飞机的各个特征点的转弯半径给出，如需给出机翼翼尖的转弯半径、机身的转弯半径等。所以数据后处理时需在 GPS 天线转弯半径的基础上，结合飞机几何参数，计算飞机各个特征点的转弯半径，因此需要读取和分析飞机几何参数，如机身宽度、翼展等。

（8）翼尖浮筒触水参数。

翼尖浮筒触水会大大增加触水浮筒一侧的阻力，进而引起转弯的偏航力矩明显变化，所以浮筒触水参数需在试飞过程中格外关注。如有可能，应给出浮筒触水深度。

（9）风速和风向参数。

风速和风向参数对转弯性能的影响十分显著，如前所述，从顺风向转至逆风向以及从逆风向转至顺风向飞机的转弯能力不同。所以转弯试验过程中，需记录风速和风向，如有可能记录风向时应密集记录，每次记录的时间间隔不大于 2 s。

（10）水面相关参数。

水面相关参数是试验条件之一，也需在最终的试飞报告中给出，所以试验前后均需给出水面浪高、水流速度和方向等参数。

4）试验程序

（1）试验点控制。

水面低速转弯应考虑重心前限，重量应为水面最大起飞重量和小重量。同时，还需考虑使用不对称拉力和不使用不对称拉力。试验状态点设计如下：

a. 重量：水面最大起飞重量、小重量。

b. 重心：重心前限。

c. 襟缝翼：水面起飞位置。

d. 起落架：收起。

e. 水舵全偏。

f. 发动机状态：对称小拉力（选择 5 个状态组合），不对称拉力（选择 10 个状态组合）。

（2）试飞条件控制。

试验水域浪高不高于 0.2 m。风速和风向与陆基飞机采取同样的控制方式，最好为静风。

a. 前置科目：正常起飞性能。

b. 水面要求：浪高≤0.2 m。

c. 水深要求：水深＞3 m。

d. 温度：不限。

e. 风速和风向：风速＜3 m/s。

（3）试飞方法。

水面低速转弯试验可选的转弯方式比较多，但目前国内的飞机均无发动机反桨设计，所以，这里仅推荐水舵转弯方式和水舵结合不对称拉力转弯方式。具体试验方法如下：

a. 水舵转弯方式。

a）试验前两位飞行员按照水上飞机起飞前检查单对飞机进行检查，确认飞机三向操纵极限位置，确认水舵操纵极限位置，确认无任何告警信息。

b）操纵飞机慢车滑行到指定区域，发动机慢车位，松开所有操纵 10 s，利用水上飞机的风标效应将飞机的航向对准风向（如果试验时为静风，或近似为静风，则利用风标效应使飞机转向的动作可忽略）。

c）操纵水舵到左极限位置，对称调整发动机到给定状态 1，操纵飞机完成 360°转弯。

d）以同样的发动机状态，操纵水舵到右极限位置，操纵飞机完成 360°转弯。

e）以给定的发动机状态 2～5 重复 c）、d）试飞动作。

在有风的条件下进行转弯试验时，如果某一小发动机状态无法完成 360°转弯，则增加发动机推力进行试验。

b. 水舵结合不对称拉力转弯方式。

a) 试验前两位飞行员按照水上飞机起飞前检查单对飞机进行检查,确认飞机三向操纵极限位置,确认水舵操纵极限位置,确认无任何告警信息。

b) 操纵飞机慢车滑行到指定区域,发动机慢车位,松开所有操纵 10 s,利用水上飞机的风标效应将飞机的航向对准风向(如果试验时为静风,或近似为静风,则利用风标效应使飞机转向的动作可忽略)。

c) 操纵水舵到左极限位置,设定发动机到给定状态 1,操纵飞机完成 360°转弯。

d) 以同样的发动机状态,操纵水舵到右极限位置,操纵飞机完成 360°转弯。

e) 以给定的发动机状态 2～10 重复 c)、d)试飞动作。

(4) 数据处理方法。

低速转弯试飞需给出低速转弯的操纵特性和转弯半径。操纵特性应根据飞机的一些参数和试飞员评述给出,转弯半径不但要给出飞机重心处的半径,还需给出机翼尖和翼尖浮筒的转弯半径。具体数据处理方法如下:

a. 根据试验结果,判断飞机转弯的数据,如果飞机完成 360°转弯则需对转弯的起始点和终止点进行判断;如果飞机未完成 360°转弯,则需查找转弯时刻的风速和风向,给出飞机在当时风速和风向条件下无法转弯的结论。

b. 读取转弯过程中的滚转角,结合翼尖浮筒触水信号判断翼尖浮筒是否触水,并将翼尖浮筒是否触水的信息反映到试飞结果中。

c. 转弯起始点判断:飞机的水舵偏转至最大转角,发动机状态处于预定的状态。

d. 转弯终止点判断:飞机的航向角从开始转弯时偏转 360°,飞机的水舵仍处于最大角度,发动机状态处于预定状态。

e. 转弯半径计算:利用 GPS 经纬度或者光电测量的飞机相对坐标位置,绘制出飞机转弯过程的曲线,读取相差 180°的多个点进行比较,得出转弯直径,并计算出转弯半径。

f. 风速修正:因为实际转弯中风速会导致飞机向顺风方向偏移,造成计算的半径变大,故需根据飞机沿着风向和垂直于风向的转弯半径进行分析,得出偏移量,并对计算出的转弯半径进行修正。

g. 测量坐标位置与浮筒之间的距离,将转弯半径换算到翼尖和翼尖浮筒处。

6.9 水面高速转弯

1) 验证条款

与水面高速转弯相关的验证条款包括 CCAR – 25.231(b)、CCAR –

25.239、专用条件 F-2。

水面高速转弯的目的是评价水面高度转弯过程中飞机的操稳特性,给出试验条件下的转弯速率。

2)背景材料

水上飞机在水面高速滑行(断阶滑行)时,可能需要应急避让发现的船只、漂浮物、礁岛等,迅速改变飞机的航向。因为滑行速度比较高,气动操纵舵面效率已经十分明显,而水舵处于收起状态,所以高速转弯应通过气动力和水动力结合的方式来分析。

水上飞机高速滑行时改变航线应依靠偏转方向舵和副翼来完成。当飞机的方向舵偏转时,不但产生偏航力矩,还会产生滚转力矩。因为此时飞机仍在水面滑行,所以飞机的滚转角应受到格外关注。滚转角的大小应该控制在使翼尖浮筒不触水的状态。但是如果保持滚转为零,则飞机实际类似于稳定直线侧滑飞行,航行方向单靠气动力并没有改变。从水动力方面分析,当飞机的速度方向和机体航向不一致时,一般水上飞机均具有直线稳定性,即飞机有保持速度方向与机体方向一致的能力。因此,如果飞机在高速转弯时保持机翼水平,则速度方向与机体轴向不一致,飞机的航向应该仍然会改变,但是转弯速率并不是飞机的最大转弯能力。

对于高速转弯来说,目的是挖掘飞机高速转弯时转弯速率的最大值,但飞机应在安全的控制范围内。因此,实际高速转弯时,应适当保持机翼向转弯一侧偏转,但最大偏转角不应超过浮筒触水对应的滚转角。因此,高速转弯前应根据水上飞机的几何外形和吃水深度,来确定高速转弯应该控制的滚转角的最大值。

高速转弯可选的转弯方式还应包括操纵发动机使之出现不对称拉力,但是发动机的不对称拉力的大小和控制方式的理论分析十分困难,而且过程中需要试飞员十分精确地操纵,额外增加了工作负荷。所以在实际飞行中,通过发动机差动拉力来控制或辅助控制飞机高速转弯很难实现。

3)数据需求

水面高速转弯试飞需关注和分析的参数与低速转弯较为类似,但高速转弯的参数分析方式要比低速转弯更加严谨。水面高速转弯试飞所需的参数如下。

(1)飞机速度参数。

与低速转弯不同,高速转弯因为涉及气动和水动的双重分析,所以速度参数应同时包括地速和空速。

（2）飞机操纵参数与舵面响应参数。

水面高速转弯时，水舵一般处于收起状态，所以水舵参数不予关注，但因为气动舵面的参数在高速转弯时起主要作用，所以所有气动舵面的参数应格外关注。与低速转弯飞行试验的目的类似，水上飞机高速转弯飞行试验的一个目的是帮助试飞员评价飞机的操纵性，操纵参数可以作为试飞员的辅助性依据。所以操纵参数也是水上飞机转弯飞行试验的重要参数。

（3）飞机姿态参数。

高速转弯飞行试验的目的之一是获取飞机可操纵的最大偏航角速率，而实际转弯时以偏航的大小来控制试验，所以航向角和航向角速率是评价高速转弯的主要参数，应重点分析。飞机的滚转角是需格外控制的一个参数，绝对不能让滚转角超出预定值，也应关注。

（4）发动机相关参数。

发动机相关参数作为试飞的主要参数应予以关注。

（5）GPS 参数。

高速转弯试验结果一般要提供飞机的滑行航迹，滑行航迹需根据 GPS 参数来绘制。此外，飞机的地速也应由 GPS 数据得出。所以试验中应关注 GPS 参数。

（6）飞机几何参数。

飞机几何参数应主要关注浮筒和吃水线连线与水平面的夹角，进而确定高速转弯时滚转角的限制。

（7）翼尖浮筒触水参数。

高速转弯时，翼尖浮筒触水会增加试飞风险，所以应关注翼尖浮筒触水参数。

（8）风速和风向参数。

风速和风向会影响飞机在高速转弯时的侧滑角的大小，侧滑角的大小会影响试飞员的操纵，所以风向和风速也是试飞中应关注的参数。

（9）水面相关参数。

水面相关参数是试验条件之一，也需在最终的试飞报告中给出，所以试验前后均需给出水面浪高、水流速度和方向等参数。

4）试验程序

（1）试验点控制。

水面高速转弯应在重心后限进行，重量应为水面最大起飞重量和小重量。

试验状态点设计如下：

    a. 重量：水面最大起飞重量、小重量。

    b. 重心：重心后限。

    c. 襟缝翼：水面起飞位置。

    d. 起落架：收起。

    e. 水舵：收起。

    f. 发动机状态：某一状态。

（2）试飞条件控制。

试验水域浪高不高于 0.2 m。风速和风向与陆基飞机采取同样的控制方式，最好为静风。

    a. 前置科目：水面加速停止距离。

    b. 能见度：>3 000 m。

    c. 水面要求：浪高≤0.2 m。

    d. 水深要求：水深>3 m。

    e. 温度：不限。

    f. 风速和风向：风速<3 m/s。

（3）试飞方法。

水面高速转弯试验前，应在航向方向左右设定转弯参考物，两位飞行员应相互提醒，最好有试飞工程师上机指导任务执行，具体方法如下：

    a. 试验前两位飞行员按照水上飞机起飞前检查单对飞机进行检查，确认飞机三向操纵极限位置，确认水舵操纵极限位置，确认无任何告警信息。

    b. 操纵飞机慢车滑行到指定区域，利用水舵将飞机航向调整为既定航向。

    c. 按照起飞操作程序缓慢匀速推发动机油门到起飞位置，同时将飞机纵向操纵机构操纵至后止动位，操纵飞机沿着既定航向滑跑。

    d. 待飞机达到阻力峰速度后，利用飞机纵向操纵机构控制飞机俯仰姿态到断阶滑行状态，同时利用飞机横向操纵控制飞机机翼保持水平，谨防翼尖浮筒触水。

    e. 飞机在断阶滑行过程中保持速度方向与机头方向一致。

    f. 待飞机速度达到预定转弯速度时，收油门到指定位置，保持飞机在水面高速滑行。

    g. 蹬方向舵操纵飞机转弯，严格控制滚转角谨防翼尖浮筒触水，当飞机航向达到预定值时，反向操作方向舵控制飞机航向到另一目标值，同时严格控制滚转角谨防翼尖浮筒触水。

　　h. 完成转弯操纵后,将飞机航向控制到初始航向,收油门到慢车,利用纵向操纵机构控制飞机俯仰姿态到最大值,操纵飞机减速。

　　i. 飞机停止后,两位飞行员按照飞行后检查单完成检查。

　　(4) 数据处理方法。

　　高速转弯试验需从评价高速转弯时的操作特性和转弯速度的角度对数据进行分析,具体数据处理方法如下:

　　a. 高速转弯的速度选择在试验设计阶段就已经确认,而发动机状态则需经试验中试飞员实际操纵匹配,所以在判断飞机进行高速转弯时,应对速度变化范围进行读取,还需读取实际的发动机状态参数。

　　b. 高速转弯试飞前,已经拟定了转弯目标,在实际试飞中,需对操纵输入进行判读,同时判读转弯速度,求出平均值。

　　c. 读取实际高速转弯中的滚转角变化,结合翼尖浮筒触水参数给出安全性分析。

　　d. 根据离水信号判断飞机是否有意外离水情况,如有意外离水情况应终止发动机更大状态的试验点。

　　e. 计算所有预定的速度条件下的转弯速率,综合评价试验机的高速转弯特性。

6.10　水面大侧风起飞

　　1) 验证条款

　　与水面大侧风起飞相关的验证条款为 CCAR - 25.237(b)。

　　演示验证预定侧风条件下水上飞机的起飞能力。

　　2) 背景材料

　　在一些受限制的区域,如运河或窄的河道,是不可能直接逆风起飞或着陆的。因此,要求侧风技术要娴熟,要能提升水上飞机操作的安全性。侧风给水上飞机飞行员增加了一定的难度。侧风导致两侧机翼的升力不一致,相当于增加了下风位机翼上的重量,减轻了上风位机翼上的重量。机翼升力减小一侧的浮筒会更多地浸入水中,阻力也会增加。当水上飞机在断阶滑行阶段时,应该防止浮筒触水。在起飞时,侧风对水上飞机和对陆基飞机的影响有些类似,趋于将飞机推向航迹一侧。一般来说,陆基飞机的起落架在硬质跑道上,主起落架会提供一个抵抗侧风引起滚转的力矩;而水上飞机的浮筒在水面上,水面比较柔软,无法提供足够的抗侧风滚转力矩,从这个角度而言陆基飞机比水上飞机的抗侧风能力要强。

水上飞机在侧风起飞时,可能出现无法控制的滚转。随着滚转越来越厉害,离心力越来越大,飞机倾斜越来越严重。水上飞机一侧浮筒进入水中受到的阻力增大,另一侧机翼的浮筒向上提升抬起阻力减小。如果倾斜进一步增大,一侧的翼尖就会打到水面,阻力急剧增加,飞机进入持续偏航状态,这就是所谓的水面地转。水上飞机在水面地转会导致机体结构严重损坏,甚至完全颠覆。

此外,水上飞机不同于陆基飞机在机场跑道上有清晰的方向指示,因此很难迅速探测水上两侧的漂浮物体。波浪会使人们感觉水是向一边移动的。虽然风吹着浪,但是水是保持不动的。波浪只是在水面上下运动,水本身是没有移动的。为了保持在水中直行,起飞时就要在岸上选择一个位置参照物。侧风技术也与水中描述的曲线轨迹有关。只有通过反复试验来决定对所给定位置最合适的操作技术。

CCAR - 25.231、CCAR - 25.233 和 CCAR - 25.235 中规定,陆基飞机在起飞和着陆期间,不能出现不可控制的倾向,包括 90°侧风下的前倾翻或打地转。CCAR - 25.237 要求在 90°侧风分量时证实不会打地转。对于水上飞机,CCAR - 25.237 同样适用,要求 90°的侧风分量至少为 20 kn 或 $0.2V_{SRO}$(两者中取大者,但不必超过 25 kn),但是 CCAR - 25.231、CCAR - 25.233 和 CCAR - 25.235 中没有涉及侧风水面起飞的内容。出于与陆基飞机同样的理解,飞机在水面起飞过程中不应该出现任何危险的状态。危险状态包括飞机不能出现不可控制的倾向、打地转、前翻等。所以从适航要求来讲,侧风起飞对于陆基飞机和水上飞机较为类似。

实际大侧风起飞试飞中,飞机在水面滑跑时,侧风会使飞机出现侧滑。例如,在右侧风中滑跑时,飞机的实际相对气流方向与滑跑方向不一致,实际相对气流从飞机右侧前方吹来,形成右侧滑,产生向左的侧力。飞机在侧力的作用下,有向左侧方滑动的趋势,于是机身船体与水流产生向右的侧向摩擦力,阻碍飞机向侧方移动。气动侧力和侧向摩擦力分别对重心形成偏转力矩。某些飞机的侧力力臂相对较长(侧力作用点在水和机身船体摩擦力合力之后),对重心构成的航向偏转力矩较大,使飞机向右偏转,为保持直线方向或滑跑方向,飞行员应向左蹬舵,用方向舵操纵力矩来平衡侧力力矩。反之,对于侧力力臂相对较短(侧力作用点在水和机身船体摩擦力合力之前)的飞机,则应蹬右舵修正飞机航向。此外,在右侧滑飞行中,对于常规后掠上反机翼布局的飞机还会产生向左的滚转力矩,力图使飞机向左倾斜。为了保持横侧平衡,防止飞机倾斜或者浮筒触水,飞行员需向右压杆,修正飞机的姿态。在左侧滑中,起飞操纵特点则与右侧滑相反。因此试验前应分析侧滑分别导致飞机向哪个方向偏转,然后制订大侧风起飞的操纵方案。

在风向和风速一定的条件下,随着滑跑速度的增大,虽然侧滑角有所减小,但由于速度的增大使升力增大较多,吃水深度减小,水提供的侧向摩擦力随之减小,其综合结果使得飞机航向偏转逐渐明显,到拉杆起飞时,航向偏转尤为明显。此时飞行员应相应地增大蹬舵量,以制止机头偏转。在滑跑阶段,蹬舵量的大小应以保持航向不偏转为标准;压杆量的大小应以保持机翼水平为宜。

飞机在水面滑跑时,侧风能使飞机产生侧滑而引起空气动力变化,产生侧力和力矩。侧风引起的侧力会导致飞机向侧方移动,只要移动的值在可接受的范围内,则不需要修正。飞机离水后,会随风飘移。为保持起飞方向不变,最有效的方法是飞行员向侧风方向压坡度,从而产生升力水平分量以平衡侧力。同时,飞行员必须蹬反舵来保持起飞航向。

飞机在空中飞行时,一般严格禁止飞机带坡度飞行,因此飞机离地后要求尽快回舵。回舵后,在航向稳定力矩作用下,飞机将向顺风方向偏转,并逐渐形成偏流角。飞机在偏转的同时,在侧力作用下将向顺风方向侧移。及时回舵可以减小飞机向顺风方向的侧移距离。在回舵、飞机侧滑角减小的过程中,飞行员应相应回杆,逐渐改平坡度。当航向角等于偏流角时飞机侧滑消失,地速方向正好与预定方向一致,此时保持两翼水平飞行。

3) 数据需求

水面大侧风起飞需要控制的因素较多,需根据侧风量的大小估算飞机起飞时的最大侧偏距离、飞机的操纵输入和舵面响应等。从专业划分来讲,大侧风起飞属于操稳专业的科目,所以得分析大侧风对飞机操纵性和稳定性的影响。所需的参数如下。

(1) 飞机速度参数。

飞机的速度应包括空速和地速。试飞中保持航向不变需分析起飞过程中侧滑的大小。空速是按照起飞操纵程序操纵飞机起飞的主要参考,所以空速也是必须记录的参数。而地速的大小和方向反映了飞机的侧滑,飞机的地速方向需与预定航向一致,所以大侧风起飞地速也必须记录。

(2) 飞机姿态参数。

在大侧风起飞过程中,因为需要控制航向保持不变,势必会适当压杆和蹬舵,飞机的滚转、俯仰、航向等会受到影响,但操纵太频繁造成飞机的三轴运动角速率不为零,所以起飞过程中应记录飞机姿态参数。

(3) 飞机的操纵参数与舵面响应参数。

大侧风起飞操纵输入和舵面响应均用来控制飞机的姿态或航迹,试飞员的操纵和舵面响应应该在试飞前就有相应的控制方法,实际飞行中应记录和分析这些参数是否与给定的操纵方案一致,故大侧风起飞时飞机的操纵参数和舵面响应参数应该得到记录和分析。

(4) 飞机过载参数。

侧向过载有助于分析飞机在侧风条件下的侧滑大小,纵向过载有助于观察飞机的纵向加速度是否足够,法向过载是分析起飞离水的重要参数,所以过载参数应该记录。

(5) 发动机相关参数。

发动机相关参数是飞机起飞的基本参数,需记录和分析。

(6) 襟缝翼参数。

起飞性能的试飞数据均需按照一定的飞机构型给出,襟缝翼参数是用来表征飞机起飞构型的关键参数,需在试飞过程中记录。

(7) 飞机重量和重心参数。

飞机重量和重心参数一般是试验点要求的构型之一,需要记录,并作为试飞条件在试飞报告中体现。

(8) 侧滑角参数。

大侧风对飞机的侧滑有明显影响,侧滑角的大小有助于分析侧风对飞机起飞操稳特性的影响。飞机起飞后要形成偏流角,消除侧滑,所以侧滑角是表征操纵是否合适的重要参考,因此需对侧滑角进行记录和分析。

(9) 飞机离水高度参数。

飞机是否完成起飞一般通过离水高度来判定,而且在大侧风起飞试飞方案中,对飞机起飞后的操纵做了明确的要求,所以起飞离水高度需记录和分析。

(10) 飞机离水(触水)参数。

与正常起飞性能一样,飞机离水(触水)参数需要记录和分析。此外,大侧风起飞时,飞机离水时刻的滚转可能受到侧风的影响而不稳定,所以起飞时刻的滚转等参数需格外关注。

(11) GPS数据和光电经纬仪数据。

在大侧风起飞中,主要通过GPS数据获取地速,而且GPS数据还可以用于绘制起飞航迹,观察侧风对起飞航迹的影响。

(12) 风速和风向数据。

大侧风试飞过程中的风况数据可以从飞行试验风速测量站、机场风速测量设备或任何其他的中国民航总局(CAAC)可接受的方法获得。具体如下:

a. 位于起飞离地点和着陆接地点附近的经校准的飞行试验风况测量站通常会提供最精确的数据,通过这种测量方式获得的数据更为可取。

b. 只要试验水域风况测量设备是经过校准的并且处于试验水域的附近,那么这种测量方式也是可接受的。

c. 直接来自惯导系统或基于基准系统的差分 GPS 风况数据在侧滑飞行中和地面上可能并不精确。着陆过程中,滤波有可能引起延迟,从而由于风切变随高度的变化使得测量结果不正确(即测量系统会在某高度上记录一个更大的风量)。因此,这一方法对于精确确定起飞和着陆过程中的侧风而言,是不合适的。

d. 其他通过机载测量设备计算飞机遇到的实际侧风量的方法也是可接受的。例如,通过考虑飞机航向角、航迹角和侧滑角,将真空速(来自大气数据计算机)与某一精确地速(如来自惯导系统的地速)之间的差值分解为沿预定航向和垂直预定航向,从而计算出侧风。

e. 如果事先征得 CAAC 的同意,也可允许从塔台的风况报告获取侧风数据。然而,应该对这种方法的使用进行仔细审查,以保证传感器已经过了准确的校准,从而确保传感器基准高度,确保平滑特性不会产生不可接受的滤波以及确保传感器位置对于起飞和着水来说是合适的。这种方法的缺点是不能够提供起飞和着陆过程中的突风值。

(13) 环境参数(大气压、温度)。

环境参数是试验条件之一,应予以记录。

(14) 水面相关参数。

水面相关参数是试验条件之一,需记录。

4) 试验程序

(1) 试验点控制。

大侧风起飞应在重心后限进行,重量应为小重量。试验状态点设计如下:

a. 重量:小重量。

b. 重心:重心后限。

c. 襟缝翼:水面起飞位置。

d. 起落架:收起。

e. 水舵：高速时收起。

f. 发动机状态：起飞。

（2）试飞条件控制。

试验水域浪高不高于 0.2 m。风速和风向按照 CCAR - 25.233(a)、CCAR - 25.237(b)的风速要求，并严格控制风速大小。本科目为风险科目，需进行前置科目试飞。

a. 前置科目：正常起飞性能。

b. 能见度：>3 000 m。

c. 水面要求：浪高≤0.2 m。

d. 水深要求：水深>3 m。

e. 温度：不限。

f. 风速和风向：正侧风至少为 20 kn 或 0.2V_{SRO}（但不大于 25 kn）。

（3）试飞方法。

本科目试飞首先要调整飞机航向与风向夹角为 90°，或在初始滑行时控制飞机航向逐渐与风向呈 90°，然后进行试飞。具体试飞方法如下：

a. 试验前两位飞行员配合按照水上飞机起飞前检查单对飞机进行检查，确认飞机三向操纵极限位置，确认水舵操纵极限位置，确认无任何告警信息。

b. 操纵飞机慢车滑行到指定区域，按照起飞操作程序缓慢匀速推发动机油门到起飞位置，同时将飞机纵向操纵机构操纵至后止动位，操纵飞机向前滑跑。

c. 在飞机低速滑行过程中，利用水舵调整飞机航向与风向呈 90°角，并保持该航向滑跑。

d. 待飞机达到阻力峰速度后，利用飞机纵向操纵机构控制飞机俯仰姿态到断阶滑行状态，同时利用飞机横向操纵控制飞机机翼保持水平，谨防翼尖浮筒触水。

e. 飞机在断阶滑行过程中保持速度方向与机头方向一致，如果侧风引起飞机的侧移量较小，则只需保持滑行航向即可，不需额外修正。

f. 滑行过程中侧风导致飞机向下风位滚转时，试飞员利用横向操纵机构保持机翼水平，谨防翼尖浮筒触水。

g. 待飞机达到预定速度时，按照预定的抬头速率控制飞机继续起飞。

h. 飞机离水后，飞行员应相应地增大蹬舵量，以制止机头的偏转。

i. 飞机完成起飞后，两位飞行员配合按照起飞后检查单完成检查。

(4) 数据处理方法。

大侧风起飞的目的是飞机能够在预定的侧风条件下顺利起飞,无危险的特性。这里有两个问题,第一个问题是飞机有无危险特性,第二个问题是进行试验时的风速是否满足要求。所以数据处理应该从这两方面着手,具体数据处理方法如下:

a. 飞机起飞无危险的特性判读。

结合试飞员评述和告警信息判断飞机在大侧风起飞时是否有危险的操纵特性,如航向不可控、翼尖浮筒触水等。

b. 风速修正。

大侧风试飞要求在正侧风直至 20 kn 或 $0.2V_{SRO}$(两者中取大者,但不必超过 25 kn)时演示飞机的抗侧风特性,根据规章要求,来自惯导系统、塔台或地面活动记录站的风数据应修正为 10 m 高度处的 90°侧风风量值,下面介绍风速修正方法。

在一个高度上所测量的风速与另一个高度上相对应的风速之间的关系满足下列方程:

$$V_{W_2} = V_{W_1}(H_2/H_1)^{1/7} \tag{6-1}$$

式中:H 为离水域平面的高度;V_{W_2} 为高度 H_2 上的风速;V_{W_1} 为高度 H_1 上的风速。

假设试验风速于水域平面高度 H_t 处测量,所测量风速为 V_{W_t},则修正至水域平面 10 m 高度处的风速 V_{W_s} 为

$$V_{W_s} = V_{W_t}(10/H_t)^{1/7} \tag{6-2}$$

最后根据风向将 V_{W_s} 换算为 90°侧风风量值,作为试验风速。

为了保证试验数据的精确性,试验可以采用活动气象车直接测量水域平面之上 10 m 处的风速和风向。试验过程中活动气象车(船)位于飞机起飞离地点和着陆接地点的中间位置,连续记录整个起飞着陆过程中的风速和风向数据。此外,采取如下的计算方法获取起飞着陆过程中的正侧风量:

a. 起飞过程,取飞机空速 60 kn 至飞机离水 10.7 m(35 ft)时间段的每个时刻的 90°侧风风量的平均值作为起飞过程中遇到的正侧风。

b. 着陆过程,取飞机离地 15.2 m(50 ft)至飞机空速减至 60 kn 时间段的每个时刻的 90°侧风风量的平均值作为着陆过程中遇到的正侧风。

6.11　大侧风着水

1) 验证条款

与大侧风着水相关的验证条款为 CCAR‑25.237(b)。

演示验证预定侧风条件下水上飞机的着水能力。

2) 背景材料

由于各种原因,飞机可能需要侧风着水。但是水上飞机的浮筒与陆基飞机的机轮不同,侧面的迎风面积较大,而抗侧风的能力很弱,可能很小的侧风就可以使飞机发生较大的侧向漂移。此外,浮筒的设计特点是抗前后的冲击能力较强,抗侧向冲击能力较弱。一定的侧风着水可能导致浮筒受损或者发生侧向倾覆。

如果水上飞机带着侧滑着水,则在浮筒接触水面时,突然出现的侧向阻力会使下风位的浮筒进入到水中更多,会使飞机发生急剧偏转或打水转,失去航向控制能力。如果下风位的浮筒进入水中过多,导致机翼触水,飞机速度又很大,那么很容易导致飞机侧翻。一般大侧风着水采用偏航修正法和侧滑修正法,与陆基飞机较为类似。

(1) 偏航修正法。

采用偏航修正法着水时,速度矢量(相对于固定在地面的坐标系)对向预定航向,既定航向为着水限制的航向,而飞机的纵轴却指向另一方向,飞机的纵轴方向是根据飞机的地速和风速合成的来流方向确定的。飞机的纵轴和飞机相对于地面(水面)的运动方向之间的夹角称为偏航角,此角与速度矢量(相对于地面)和风速的大小有关。如果角度合适,飞机就没有侧滑角,即沿侧向不出现力。由于飞机的纵轴方向与预定航向的方向不一致,这就要求飞机在触水前或着水滑跑前立即绕它的偏航轴做旋转运动,这样能使机身船体随运动方向转向水域要求的着水方向,并且使飞机在正确的方向上着水滑行。偏航法中的偏航角 ψ 计算方法如下:

$$\psi = \arcsin \frac{V_{\text{wind}}}{V} \approx \frac{V_{\text{wind}}}{V} \qquad (6-3)$$

此值也是侧滑法中的侧滑角值。

由式(6‑3)可知,如果各个高度的侧风风速及风向不变,那么对于进场时速度逐渐减小的飞机来说,偏航角应逐渐增大,才能保证地速方向与预定航向一致。此外,偏航角不但与下滑速度有关,而且与正侧风有关。实际上,由于风受地表的影响,侧风会随高度的降低而减小,从而使得偏航角可能不变,甚至还会减小。为此,飞行员应实时根据侧风及下滑速度的变化情况,适当地操纵飞机,使地速方向始终与既定方向一致。

(2)侧滑修正法。

所谓侧滑修正法就是操纵飞机向侧风来向做侧滑的方法。具体动作是飞行员向侧风方向压杆,形成坡度和侧滑,随即蹬出反舵。当侧滑角等于偏流角时,飞机正好沿预定航向中心线的延长线直线下降,此时,飞机的纵轴方向与着水既定航向保持一致,地面航迹也对准预定航向。

可见,用侧滑修正法修正侧风时,只有杆舵的操纵量适当,飞机纵轴才能恰好与航迹一致。如果杆舵操纵量不够,飞机仍会随侧风偏移;反之,如果杆舵操纵量过大,飞机则会向侧风来向偏移。

飞机稳定下降侧滑时,飞行员需要压杆、蹬反舵和带杆。其原因是压杆可使横侧操纵力矩与横侧稳定力矩平衡,以保持坡度不变;蹬反舵可使方向操纵力矩与航向稳定力矩平衡,以保持侧滑角不变;带杆可使俯仰操纵力矩与零升力矩、俯仰稳定力矩平衡,以保持迎角不变。此外,蹬反舵到底时飞机的最大抗侧风量为

$$V_{\text{wind, max}} = -V\sin\left(\frac{C_{n\delta_r}}{C_{n\beta}}\delta_{r,\ \text{max}}\right) \tag{6-4}$$

可见,用侧滑修正法所能修正的最大侧风要受到方向舵最大舵偏角的限制。若方向舵已蹬满,则侧风再增大时,飞机就会向带坡度的方向转弯,此时不能再保持直线下滑。所以,用侧滑修正法所能修正侧风风速有限。

根据以上分析,在飞机着水时,保证上风位的机翼较低(向上风为滚转),这样可以抵消一部分侧向漂移的趋势。着进场过程中,水面运动会误导飞行员。波浪运动可能呈现水侧移的现象,但是尽管风使波浪移动,水实际上仍然保持经纬度静止。波浪仅为水面的上下运动,而水本身不会侧移。为检查水上侧移,确保着水过程中能保持直线航行,从岸上选择一个点或静止的浮标作为目标点。将上风位的机翼放得足够低以阻止所有侧移,并使用方向舵来保持直的航线。当水上飞机的上风位侧浮筒触水时,水阻力会迅速使水上飞机减速并且另外一个浮筒会随着气动升力的降低而着水。当水上飞机的速度降低时关闭油门,并利用副翼以使上风位的机翼向下。水上飞机在向断阶滑行以下过渡时,是最不

稳定的。当舵面不起作用时,准备好将水上飞机随风调整到迎风方向。很多飞行员在降落后再转向顺风方向,以在水上飞机降低到滑行速度前将随风转变方向的过程降到最低。由于水上飞机迟早会随风变化,因此该技巧通过将随风转变方向延迟到飞机达到低速的方式,减少了水上飞机的离心力。当飞机开始低速滑行时,放下水舵。

(3) 两种侧风着水方法的比较分析。

不管使用哪种方法着水,通常飞机在五边飞行时,机场管理人员及其他需着陆的飞行员都希望飞机沿着机场航线的每个边直飞。从驾驶难易性上来讲,侧滑修正法较偏航修正法较为容易,飞行员使用此方法容易控制飞机的地面航迹,但是飞机却是在带有侧滑角的情况下进场的,存在侧滑角的缺点是迎风机翼离水较近,若在飞机接地之前不立即抬起这半边机翼会使飞机在着陆时发生翼尖浮筒触水。此外,出于操纵性及舒适性要求,飞行员也不希望进行侧滑修正法着陆,长时间的倾斜会使乘客及飞行员感到难以接受,引起情绪紧张。对于很大的侧风,侧滑修正法的抗侧风能力是有限的,而偏航修正法则不存在这个问题。

大侧风着水时,单用侧滑修正法,不足以修正航迹,飞机与既定航向交叉角过大。此时,应采用两种方法相结合的方法修正,即改出四转弯后使飞机向侧风方向的预定航向边下滑,并立即向侧风方向压坡度转弯,形成偏航角。当飞机继续增大偏航角时,蹬反舵制止飞机转弯。当侧滑角与偏航角之和等于偏流角时,飞机沿既定航向直线下滑。若飞机还有偏离现象,则应增减侧滑角或偏航角进行修正。

3) 数据需求

大侧风着水试飞时需要考察的参数较多,需综合考察飞机的操纵输入、飞机响应和大气条件等。本科目主要考察飞机的抗侧风着水能力及对飞机操纵性和稳定性的评价,所以应提出满足评价飞机在大侧风条件下着水操纵性和稳定性能力的参数需求。

(1) 飞机速度参数。

偏航修正法侧风着水中需根据飞机的地速和风速合成的来流方向确定操纵飞机的纵轴方向,所以飞机的速度包括地速和校正空速等都应记录和分析。采用侧滑修正法着水时,需控制飞机的地速方向对准着水的既定航向,操纵量的输入需根据飞机的地速和风速确定,所以地速十分重要。同时,空速作为着陆过程中操纵飞机的重要参考,对进场和拉飘动作都十分关键,应予以记录和分析。

（2）飞机姿态参数。

飞机的滚转和偏航对于分析飞机抗侧风能力和操纵的准确性十分关键。试飞方案中应明确提出试飞员在侧风着水过程中对滚转和航向的控制方式。对于实际试飞来说，飞机的姿态参数需认真分析，并根据分析在重复试飞的架次中修正操纵方式。

（3）飞机的操纵参数与舵面响应参数。

大侧风着水过程中，试飞员可能要根据实际情况修正飞机的航向、滚转等，操纵参数与舵面响应参数是着水过程的必需参数。这些参数有助于分析侧风着陆过程中试飞员操纵的合理性。飞机操纵参数与舵面响应参数包括纵向杆位移、横向盘（杆）位移、脚蹬位移、升降舵偏转角、副翼偏转角和方向舵偏转角等。对于水陆两用飞机，着水前需记录着水着陆选择开关。

（4）飞机过载参数。

大侧风着水时，飞机过载参数十分重要。无论采用哪种着水方式，均需观察飞机的侧向过载来表征试飞动作的质量。飞机着水后，如果侧向过载太大很可能导致浮筒侧向受到水载荷的作用而损坏。法向过载可以表征飞机是否触水过重。

（5）发动机相关参数。

着陆过程中，发动机的状态可能要不断调整，一般局方不建议用差动拉力来控制飞机，所以需分析发动机相关参数的一致性。此外，需要通过发动机参数来控制下沉率等，所以发动机相关参数必须记录。

（6）起落架和襟缝翼参数。

起落架襟缝翼参数用来表征飞机在着水期间的着水构型满足设计要求。在试飞员选择着水后，起落架应该一直保持收上状态。

（7）下沉率。

下沉率是着水性能试飞的重要参数，下沉率的大小可以反映水上飞机触水是否过重。

（8）侧滑角。

侧滑角与侧向过载类似，均表征飞机在飞行过程中侧滑的大小。对于大侧风着水来说，侧滑需得到有效控制，所以侧滑角必须记录。

（9）飞机重量和重心参数。

大侧风着水试验中，飞机重量和重心参数是飞机的试验构型控制之一，试验点的设计也需将飞机的重量和重心参数作为一个变量控制，所以飞机重量和重心参数必须记录,并最终写进试飞报告中。

(10) 飞机离水高度参数。

大侧风着水中,空中段的操纵十分关键,对离水高度的分析可以有效指导试飞员操纵飞机侧风着水。

(11) 飞机离水(触水)参数。

观察飞机侧向过载中,需特别注意在触水瞬间飞机的侧向过载是否过大,所以结合分析飞机的触水参数和侧向过载参数有助于给出着水时刻的侧向过载控制是否合适的结论。

(12) GPS 参数。

GPS 参数可用于计算飞机的地速和分析飞机的航迹,如果重复飞行,则可以帮助试飞员修正操纵技术。

(13) 风速和风向数据。

风速和风向作为试验条件之一必须记录。偏航修正法侧风着水中需根据飞机的地速和风速合成的方向确定操纵飞机的纵轴方向。采用侧滑修正法着水时,需控制飞机的地速方向对准着水的既定航向,操纵量的输入需根据飞机的地速和风速来确定。所以无论哪种操纵方法控制飞机着水,风速和风向都十分关键。

(14) 环境参数(大气压、温度)。

作为试验的条件之一,环境参数需记录。

(15) 水面相关参数。

作为试验的条件之一,水面相关参数需要记录。

4) 试验程序

(1) 试验点控制。

大侧风起飞应在重心后限进行,重量应为小重量。试验状态点设计如下:

a. 重量:小重量。

b. 重心:重心后限。

c. 襟缝翼:着水位置。

d. 起落架:收起。

e. 水舵:收起。

f. 发动机状态:慢车。

(2) 试飞条件控制。

试验水域浪高不高于 0.2 m。风速和风向按照 CCAR-25.233(a)、CCAR-

25.237(b)的风速要求,并严格控制风速大小。本科目为风险科目,需进行前置科目试飞。

a. 前置科目:正常着水性能。

b. 能见度:>3 000 m。

c. 水面要求:浪高≤0.2 m。

d. 水深要求:水深>3 m。

e. 风速和风向:正侧风至少为 20 kn 或 $0.2V_{SRO}$(但不大于 25 kn)。

(3)试飞方法。

大侧风着水不同于正常着水,飞机进入五边后需根据风速和风向不断修正飞机的航向,但宗旨是保持航线沿着既定航向的延长线方向,之前介绍了两种侧风着水方式,这里选择两者结合的方式进行试验。具体试验方法如下:

a. 操纵飞机按照五边着水法进行着水,飞机进入五边前按照着水前检查单完成检查,飞机进入五边后,选择着水模式。

b. 在飞机抵达场高 15 m 之前,判断风速和风向对飞机操纵的影响,并根据判断利用方向舵和副翼操纵飞机机头适当地与既定航向呈一定的夹角,并出现一定的滚转来保持航迹方向与既定航向一致。

c. 在飞机抵达场高 15 m 前,试飞员应不断操纵飞机,确保着水航迹方向与既定航向一致。

d. 飞机触水前,试飞员立即将飞机的机翼保持水平状态,并操纵飞机轴向与地速方向一致。

e. 飞机触水 1 s 后,利用纵向操纵机构保持飞机在最大俯仰角状态,并保持机翼水平,谨防翼尖浮筒触水,直到飞机速度降至 3 m/s 以下。

f. 飞机停止后两位飞行员按照飞行后检查单完成检查。

(4)数据处理方法。

与大侧风起飞类似,大侧风着水的目的是演示验证飞机的抗侧风能力,飞机抗侧风的能力表现为飞机着水后无危险特性。数据处理方法如下:

a. 飞机无危险特性判断:飞机的航向可控,着水后无打转倾向,无回跳倾向。

b. 大侧风着水参考大侧风起飞。

6.12　镜面水着水

1)验证条款

与镜面水着水相关的验证条款包括 CCAR‐25.125、CCAR‐25.231(b)。

演示验证镜面水条件下水上飞机的着水特性。

2) 背景材料

对于水上飞机着水来说,平静、无风、表面光滑的水域看似对水上飞机的影响很小,但会给飞行员造成安全的错觉。无风不起浪,表面光滑的水面上一般没有风,因此降落时无须考虑侧风,也无选择降落方向的问题。但是光滑水面的视觉和自然特性易为得意自满的飞行员埋下潜在危险。通常在平静水面着水比在表面有轻微水浪的水面降落更危险。光滑水面的视觉特点给目视判断离水高度带来了困难。缺少水面特点可能会使飞行员难以形成精确的深度感觉,即便是有经验的水上飞机飞行员。飞行员对水上飞机在水面上的高度没有足够的了解,可能会在着水前滑行平飞得过高或过低。不管是哪种情况都可能会导致倾覆。如果水上飞机飞得过高并停车,则飞机会向下倾斜,浮筒艄很可能会撞击水面并且飞机会翻倒。如果飞行员拉飘过晚或根本没有拉飘飞行,则在相对高的速度下水上飞机可能会飞进水里,浮筒艄触水,使浮筒整体进入水下,导致水上飞机倾覆翻倒。

除了缺少表面特点外,光滑、反射水面会反射云和岸边建筑物,使飞行员形成幻觉。当水是清澈透明的并且水面光滑时,水面本身是不可见的,飞行员可能会错误地将湖底而不是将水面作为参考来判断飞行高度。出于同样的缘由,在光滑水面起飞过程中,从表面上看,浮筒好像贴在水面,浮筒底部和水面间有较少涡流和气泡,有效地增加了浮筒的湿润面并产生了更大的阻力。当然,着水时突然增加的阻力会使机头向下拉,但是如果飞行员以适当的拉杆保持预计姿态,则该趋势很容易得到控制并不会引起问题。

有几个简单的方法可以克服在光滑的水面降落时产生视觉幻觉并提高安全性。一个最简单的方法是靠近海岸线降落,利用海岸沿岸的地貌估算高度。通过在安全高度时仔细检查确定水足够深并无障碍物。也可以在陆地上方做最后进近,以最低可行安全高度穿过海岸线,以便在水面几米内一直有一个可靠的高度参照。

另一种方法是在没有合适的视觉参照物的条件下,控制在触水速度范围做远距离进近,并控制水上飞机稳定在触水俯仰姿态直到飞机着水。当然,这种着水方法受到着水时间和地理环境限制,必须在时间和地理环境允许的条件下先完成远距离进近。选择这种方法进近时,要在远高于水面的高度进行着水准备。如在当前高度表定位不可用并且几乎看不到提示的情况下,该高度应在相对水面高度 60 m 以上。选择这种进近方式还要提前完成着水前检查表,并完成着水构型设置,目的是让水上飞机准备好在到达水面时可以立即触水。因此大约在水面上 60 m 将机头提升到降落通常使用的姿态,并调整发动机以提供固定下降速率,下沉率不超过飞机正常触水下沉率的最大值,速度为正常进近速度(或正常着水速度)。一旦定好降落姿态和发动机功率,应保持该速度和下降速率,无须再调整,并且飞行员应进一步监视仪表以保持稳定滑行。在空速或下降率偏离预计值时,应适当调整发动机功率。在着水前拉飘很难进行,所以着水前不进行拉飘,仅保持着水姿态即可。在触水时,控制飞机一直保持相同的俯仰角。只有在水上飞机稳稳地接触水面后才可收发动机油门到慢车位置。飞行员可以通过视觉、听觉和肢体感觉来判断飞机着水情况。在飞机触水时,飞行员看到微小的俯角并有可能在浮筒两侧溅起水花,听到水冲击浮筒的声音,并感受到减速力。此外,在镜面水条件下着水,机长和副驾驶应分工明确。对于现代设计的飞机,机长主要负责操作飞机的驾驶盘和方向舵脚蹬,副驾驶应负责发动机油门并适时向机长报告空速、无线电高度等参数值,以保证顺利着水。

3) 数据需求

镜面水着水性能的试飞目的主要是演示验证镜面水条件下飞机的着水特性,所以应提出镜面水着水时的操纵、飞机姿态以及高度等方面的参数需求。

(1) 飞机速度参数。

与正常着水性能试飞类似,镜面水着水过程速度也是由大到小的过程。镜面水着水时,因为试飞员可能无法较为准确地判断飞机的离水高度,导致着水过程中飞机可能没有拉飘或者拉飘距离比较长,带来很大的风险。在控制飞机下滑过程中,空速是试飞员控制的主要参数,也是数据分析中主要的分析对象,所以空速参数在镜面水着水时需记录和分析。

(2) 飞机姿态参数。

镜面水着水时,需很早将飞机控制在一定的下滑角进场着水,一方面通过发动机控制下沉率和下滑角,另一方面需控制飞机的姿态。所以飞机的姿态参数需分析和记录。

(3) 飞机的操纵参数与舵面响应参数。

镜面水着水时,需修正飞机的操纵较为简单,但是轻微的操作均会对试飞结果带来明显影响,所以应记录和分析飞机的操纵参数与舵面响应参数。

(4) 飞机过载参数。

镜面水着水的一大特点就是很难预知飞机的触水时间,带来的潜在风险是着水速度过大或过小,着水载荷过大或过小。所以载荷参数,尤其是法向载荷参数十分关键,应记录和分析。

(5) 发动机相关参数。

发动机相关参数是镜面水着水的操纵输入之一,是控制飞机下沉率的重要参数,需记录。

(6) 起落架和襟缝翼参数。

起落架和襟缝翼参数用来表征飞机在着水期间着水构型满足设计要求。在试飞员选择着水后,起落架应该一直保持收起状态。

(7) 下沉率。

镜面水着水因为很难判断离水高度,所以下沉率的控制十分关键。

(8) 下滑角。

镜面水着水的主要控制手段之一是控制小的下滑角进行下滑着水,下滑角的控制很大程度上决定了着水的动作质量,所以试验后需计算着水下滑角。

(9) 飞机重量和重心参数。

镜面水着水需演示验证镜面水着水特性,应选择小重量,后重心来完成试验,所以试验中需记录飞机的重量和重心数据。

(10) 飞机离水高度参数。

镜面水着水离水高度信号十分关键,因为试飞员很难目视判断飞机的离水高度,可能导致拉飘高度过高或过低,所以试验中离水高度信号需根据无线电高度或者 GPS 高度给出。

(11) 飞机离水(触水)参数。

镜面水着水触水信号十分关键,需记录。

(12) GPS 参数和光电经纬仪数据。

镜面水着水需绘制飞机的着水航迹,计算几何下滑角等,GPS 参数和光电数据是必备数据。

(13) 风速和风向数据。

镜面水着水试验一般控制水面为平静水面,风速对应为 0,记录风速和风向有助于对试验结果的分析。

(14) 环境参数(大气压、温度)。

环境参数作为试验条件之一需要记录。

(15) 水面相关参数。

镜面水着水控制水面为平静水面,不应有波浪,因此需记录水面参数。

4) 试验程序

(1) 试验点控制。

镜面水着水，应在重心后限进行，重量应为小重量。试验状态点设计如下：

　　a. 重量：小重量。

　　b. 重心：重心后限。

　　c. 襟缝翼：水面起飞位置。

　　d. 起落架：收起。

　　e. 水舵：收起。

　　f. 发动机状态：慢车。

(2) 试飞条件控制。

镜面水着水需在平静水面进行，平静水面的定义为天空和水岸物体能明显形成倒影。一般镜面水条件下风速十分小，或者为静风。本科目试飞存在一定的风险，需进行前置科目试飞。

　　a. 前置科目：正常着水性能。

　　b. 能见度：>3 000 m。

　　c. 水面要求：镜面水（有明显的天空和岸边建筑倒影）。

　　d. 水深要求：水深>3 m。

　　e. 风速风向：静风。

(3) 试飞方法。

镜面水着水不同于正常着水，飞机着水前无须拉飘，但是飞机应保持正常着水姿态着水。因为着水下降率过大会造成机体损坏，所以飞机在进近下滑过程中，应调整发动机状态来控制下降率。一般发动机功率在着水前没有完全收到慢车位。具体试验方法如下：

　　a. 操纵飞机按照五边着水法进行着水，飞机进入五边前按照着水前检查单完成检查，飞机进入五边后，选择着水模式。

　　b. 飞机在场高 60 m 之前利用无线电高度表来判断飞机的高度，当飞机高度低于 60 m 时，操纵飞机的俯仰姿态到近似着水姿态，并利用发动机功率控制飞机以小下沉率下滑，直到飞机完全触水。

　　c. 当判明飞机完全着水后，副驾驶立即收油门到慢车位，机长将纵向操纵机构操纵至后止动位，并保持机翼水平，直到飞机速度降至 3 m/s 以下。

　　d. 飞机停止后两位飞行员按照飞行后检查单完成检查。

（4）数据处理方法。

镜面水着水的目的是验证水上飞机着水特性，与正常着水相比，没有拉飘过程，所以要求在进近过程中控制小下滑角下滑，然后观察着水时是否有不安全的飞行特性。所以数据处理应从五边进场开始，直到飞机停止。具体数据处理方法如下：

a. 选择飞机五边进场下滑段数据，对飞机的构型进行确认，分析下滑过程是否稳定，计算出下滑角和下降率。

b. 计算出飞机触水点的下降率，评价下沉率是否超限。

c. 读取触水时刻的法向过载，评价法向过载是否超限，如果超限需载荷专业对着水载荷进行分析，进一步给出结论。

d. 分析飞机着水后的滚转角、航向角变化，评价飞机是否出现不安全的飞行特性。

e. 给出试飞员评述。

6.13　着水跳跃

1）验证条款

与着水跳跃相关的验证条款包括 CCAR‑25.125、CCAR‑25.231(b)。

验证水上飞机按照正常着水程序和稍偏离着水程序着水时，是否有跳跃现象。

2）背景材料

跳跃是发生在着陆过程中的一种不稳定现象。当飞机以大速度着水，并且俯仰姿态较大时，会发生跳跃。这种俯仰姿态变大是飞机稳定配平的上限，当飞机触水时会使飞机离开水面进入循环震荡。当飞机在断阶滑行或起飞穿过船的尾迹时，这种跳跃也可能发生。一些新的水上飞机飞行员会将这种跳跃和海豚运动相混淆，但是飞行员身体的感觉会使他很快区分两者的区别。跳跃运动会给飞行员一个法向的过载，使他感觉飞机像是一个跳跃的陆基飞机，纵摇则使飞行员感觉飞机是一个前后晃动的船。

要修正跳跃，首先应增加一个向后的拉杆力，并增加足够的发动机功率，阻止浮筒再次接触水面。然后建立合适的俯仰角并逐渐减小发动机功率，让飞机轻轻下沉接触水面。跳跃震荡不会像纵摇一样趋于增大振幅，但有可能因浮筒和机身不必要的跳跃发展成为纵摇。

在实际试飞过程中，跳跃是检查着陆特性的重要指标，飞机按照正常着陆程序着水时不应该出现跳跃现象。如果审定方对着水时产生合理偏差进行验证或者申请人在制订着水程序时需采集多个状态点验证跳跃现象,则需控制着水时拉飘姿态来设计试飞状态矩阵。

3）数据需求

着水跳跃试飞目的演示验证飞机按照正常着水程序着水是否有跳跃现象。判断着水跳跃发生的依据是法向过载和离水高度,而正常的着水程序有构型要求,所以应从判断着水跳跃和控制着水构型的角度提出参数需求。

（1）飞机速度参数。

按照正常的着水程序,对飞机的进场速度提出明确的要求,因此需记录飞机速度参数。飞机着水时产生跳跃很大程度上是飞机和水之间的作用,所以地速也应记录。

（2）飞机姿态参数。

飞机的纵向俯仰姿态是跳跃的主要诱因之一,如果着水发生跳跃现象,则需分析着水时的俯仰姿态参数。

（3）飞机的操纵参数与舵面响应参数。

飞机的操纵参数与舵面响应参数是控制飞机着水的操纵输入,需记录和分析。着陆着水选择信号也需记录。

（4）飞机过载参数。

与正常着水性能类似,飞机的侧向过载和纵向过载需记录。飞机的法向过载是着水跳跃最关键的参数之一,有助于分析飞机着水时跳跃的剧烈程度,需记录和分析。

（5）发动机相关参数。

按照着水程序,从飞机进场、拉飘、触水到减速滑跑,均对飞机的发动机控制提出了一定的要求,而且发动机拉力是控制飞机下沉率的关键因素。因此水上飞机着水跳跃试飞中发动机相关参数是飞机的必需参数。

（6）起落架和襟缝翼参数。

起落架和襟缝翼参数用来表征飞机在着水期间着水构型满足设计要求。在试飞员选择着水后,起落架应该一直保持收上状态。

（7）下沉率。

下沉率是着水跳跃试飞的重要参数。一般着水程序中都会给出触水时下沉率的限制值,所以试验结束后必须核实进场过程和着水时的下沉率。

（8）下滑角。

飞机产生跳跃的主要原因之一是下滑角过大,进场速度过大,所以下滑角需计算。

（9）飞机重量和重心参数。

着水跳跃试飞中重量和重心是试验设计的参数，需认真分析和记录。

（10）飞机离水高度参数。

水上飞机着水跳跃试飞中，离水高度是着水过程量之一，也是着水是否跳跃的前提条件，分析离水高度有助于给出着水跳跃的控制方式。

（11）飞机离水（触水）参数。

一般着水跳跃试飞中只要发生跳跃，会连续多次跳跃，触水信号也会相应地出现好多次，分析触水信号的次数与触水间隔时间，是分析着水跳跃程度的方式之一，所以触水信号必须记录和分析。

（12）GPS 参数和光电经纬仪数据。

着水跳跃时，飞机的高度参数出现周期性衰减振荡，下降率随之产生变化，GPS 数据和光电经纬仪数据有助于分析跳跃的剧烈程度，应记录和分析。

（13）风速和风向数据。

风速和风向数据作为着水跳跃的试验条件之一，需要记录和分析。

（14）环境参数（大气压、温度）。

环境参数作为着水跳跃的试验条件之一，需要记录和分析。

（15）水面相关参数。

水面浪高、水流速度等参数作为着水跳跃的试验条件之一，需要记录和分析。

4）试验程序

（1）试验点控制。

根据理论分析，大姿态着水容易产生着水跳跃，所以着水跳跃试飞应在重心后限进行，重量应为小重量和最大着水重量。因为着水跳跃试飞主要是针对试验机正常着水程序提出的考核项目，正常着水性能中也应该评价着水时是否有跳跃现象。此外，着水跳跃还应该评价飞机在着水过程中着水姿态出现合理偏差的情况。本科目试验状态点设计如下：

a. 重量：小重量、最大着水重量。

b. 重心：重心后限。

c. 着水姿态：正常着水俯仰姿态±1°，正常着水俯仰姿态+2°。

d. 襟缝翼：着水位置。

e. 起落架：收起。

f. 水舵：收起。

g. 发动机状态：慢车。

（2）试飞条件控制。

着水跳跃与正常着水性能对环境的要求类似，但着水跳跃属于风险科目，必须进行前置科目试飞。

a. 前置科目：正常着水性能。

b. 能见度：>3 000 m。

c. 水面要求：浪高≤0.2 m。

d. 水深要求：水深>3 m。

e. 风速和风向：风速<3 m/s。

（3）试飞方法。

着水跳跃飞行试验主要的目的是评价飞机在以正常着水程序着水和偏离着水程序着水时是否有跳跃现象，因此在制订试飞方法时应考虑偏离着水程序着水的情况。偏离着水程序着水的情况主要是着水姿态过大或过小。具体试验方法如下：

a. 操纵飞机按照五边着水法进行着水，飞机进入五边前按照着水前检查单完成检查，飞机进入五边后，选择着水模式。

b. 飞机在场高 15 m 之前保持预定的空速和 3°下滑角，且发动机功率和飞机俯仰姿态保持稳定。

c. 飞机在场高小于 15 m 后，不使用纵向操纵器件压低机头，且除功率减小外飞机形态不能改变。

d. 飞机拉飘时，将飞机控制到预定着水俯仰姿态（正常着水俯仰姿态、正常着水俯仰姿态±1°、正常着水俯仰姿态+2°）。

e. 如果飞机着水后出现跳跃，则试飞员应迅速判断跳跃高度；如果高度过高，则需迅速适当增加发动机功率，控制再次着水时的着水下沉率。

f. 当飞机触水 1 s 后，利用纵向操纵机构操纵飞机俯仰姿态达到最大值，同时操纵飞机机翼保持水平，谨防翼尖浮筒触水，直到飞机地速小于 3 m/s。

g. 飞机停止后两位飞行员按照飞行后检查单完成检查。

（4）数据处理方法。

着水跳跃试飞的目的主要是评价飞机按照正常着水程序着水以及稍有偏离正常着水程序时是否有跳跃现象。具体数据处理方法如下：

a. 读取飞机进场构型信息，评价飞机进场构型是否正确。

b. 读取飞机进场速度,评价飞机进场速度是否正确。

c. 分析拉飘过程中的俯仰姿态,对照试飞设计,评价拉飘动作是否合理。

d. 读取飞机触水时刻的俯仰姿态、速度(空速和地速)、法向载荷,评价飞机着水时刻的飞机状态。

e. 连续读取飞机的离水高度、法向过载、触水信号,分析得出飞机是否有着水跳跃现象,如果有跳跃现象应给出每次跳跃时刻的速度、俯仰角、法向载荷以及跳跃的最高高度。

f. 根据试验结果,分析着水程序的正确性,如有比较应对着水程序提出修改意见。

6.14　纵摇边界

1) 验证条款

与纵摇边界相关的验证条款包括 CCAR - 25.231(b)、CCAR - 25.239。

确定水上飞机纵摇上边界和下边界。

2) 背景材料

纵摇是沿着浮筒底部断阶附近由不稳定的力引起的一种周期性的纵向运动。不正确的滑行姿态会激起循环的震荡而且振幅会稳定变大,除非重新建立合适的俯仰姿态。

只有浮筒或者船身仍然在有合适余量的俯仰角范围内时,水上飞机的断阶才能在水上平稳滑行。第一种纵摇发生在滑行过程中机头保持得太低,则船艉会受到水波波峰或波壁的水压。结果,波峰变得足够大,以至于浮筒前部会骑上波峰,使得船艉上仰。当断阶穿过波峰时,浮筒末端会立即向前,使得船艉更深地进入水中。这将会在浮筒前方建立一个新的波峰,导致下一个震荡。每一个震荡都会变得剧烈,如果不加以修正,将引起水上飞机机头进入水中更多,导致额外的损坏或翻船。第二种纵摇是由于当飞机在断阶滑行时机头保持得太高。纵摇也可以引起提前离水,带着很危险的大迎角。这个迎角可以导致飞机失速,继而导致机头下俯进入水中。如果飞机在经过阻力峰速度过程中滑行角没有用升降舵合理地控制,则会导致纵摇的发生。如果在断阶滑行时,水上飞机遇到一个增强的水波而俯仰姿态还没有建立起来,也可能导致纵摇。通常,在水上飞机超过 1°或 2°滑行俯仰角的范围时纵摇不会出现,而且在飞机进入临界俯仰角范围的 1°或 2°也不会停止。

如果纵摇的发生是因为飞机低头滑行,那么阻止飞机进入纵摇的方式是立即利用升降舵阻止浮筒前段进入水中。必须使用相反的升降舵力,而且要保持直到纵摇停止。如果纵摇未停止且第二个纵摇又出现,则需将发动机减小到慢车状态,并且保持升降舵控制,这时水上飞机将进入水中,没有更进一步的不稳定。绝对不能够跟随震荡,因为这种操纵一般会错上加错并导致事故。

飞行员必须学习并练习修正起飞、滑行和着陆过程中的每一种纵摇,直到能够在各种姿态下得到合适的俯仰角。设计水上飞机时,应给定大于或小于这些俯仰姿态的限制。需要注意的是,改变水上飞机的重量、襟翼位置或重心,也会改变这些限制。改变重量会改变浮筒或船体的吃水深度,俯仰姿态的限制也很明显。放下襟翼经常使得水上飞机在低速时有更小的限制,而在高速时扩大了限制。后重心可能会增加纵摇俯仰角的上限,尤其是在着陆阶段。

实际试飞中,确定纵摇边界是十分重要的试飞科目,风险很高,必须制订合理的试飞方案,有效规避风险。一般纵摇边界试飞在研发阶段进行。在审定阶段只要演示正常起飞着水过程中没有明显纵摇发生即可。

3) 数据需求

纵摇边界试飞中,一般是因为速度和纵倾角(俯仰姿态)耦合激发了不稳定性震荡,所以试飞数据需根据分析速度、俯仰姿态和震荡的角度提出。

(1) 飞机速度参数。

纵摇边界试飞中,试飞员操纵飞机的依据为空速,但实际纵摇产生的直接原因与地速有关,所以空速参数和地速参数均为纵摇边界试飞的必需参数。

(2) 飞机姿态参数。

触发纵摇的原因是飞机在某一速度下,俯仰姿态过高或过低触发了纵摇的上边界或下边界,所以飞机的俯仰姿态是试飞的必需参数也是试飞的直接目的之一。相应地,俯仰角速率参数也应记录,用于分析俯仰姿态变化的快慢。

(3) 飞机的操纵参数与舵面响应参数。

纵摇很大程度上表现为俯仰姿态周期性震荡,但是飞机俯仰姿态周期性震荡的原因除了水和机身船体的耦合作用之外,还可能由于试飞员操纵引起。所以试飞中必须排除飞机的俯仰振荡因操纵引起。试飞中必须记录飞机的纵向操纵和升降舵变化参数。

(4) 飞机过载参数。

飞机进入纵摇后,一般表现为俯仰姿态和高度呈周期性震荡,与此同时,法向过载也在周期性变化,所以法向过载必须记录。出于与正常起飞滑行同样的原因,飞机在纵摇边界试飞中不应有侧滑,所以需记录侧向过载,以防翼尖浮筒受损。

（5）发动机相关参数。

纵摇边界试飞中，可能需要减拉力滑行，改变发动机状态是控制飞机速度的有效手段之一，所以发动机相关参数需记录和分析。

（6）起落架和襟缝翼参数。

起落架和襟缝翼参数用来表征飞机在纵摇边界试验阶段飞机的构型满足设计要求。

（7）飞机重量和重心参数。

纵摇上边界试飞一般用后重心，下边界试飞用前重心，试验需覆盖所有重量范围，所以试验中需记录飞机的重量和重心参数。

（8）飞机离水高度参数。

纵摇边界试飞中，飞机一旦进入纵摇，俯仰姿态和高度均出现周期性变化，在分析俯仰姿态震荡的同时也需分析高度的振荡。

（9）飞机离水（触水）参数。

纵摇边界试飞中，飞机一旦进入纵摇，俯仰姿态和高度均出现周期性变化，在某些时候，飞机会离开水面再次触水，离开水面的纵摇说明纵摇十分剧烈，所以飞机的离水信号对于分析纵摇的剧烈程度十分关键，需记录和分析。

（10）GPS 参数和光电经纬仪数据。

纵摇边界试飞中，需分析飞机离水高度和飞机高度的变化历程，GPS 参数和光电经纬仪数据十分关键。此外，纵摇边界很大程度上会根据不同地速条件给出，主要通过 GPS 参数和光电经纬仪参数获取地速，所以 GPS 参数和光电经纬仪参数需记录和分析。

（11）风速和风向数据。

风速和风向数据作为着水跳跃的试验条件之一，需要记录和分析。

（12）环境参数（大气压、温度）。

环境参数作为纵摇边界的试验条件之一，需要记录和分析。

（13）水面相关参数。

水面相关作为纵摇边界的试验条件之一，需要记录和分析。此外，纵摇的激发在某些时候很可能是由水浪导致的，所以纵摇试飞中要特别关注水浪大小。

4）试验程序

（1）试验点控制。

根据理论分析，纵摇边界分为上边界和下边界。影响上边界和下边界的重

量和重心因素略有不同,所以在设计试验点时应根据影响纵摇边界的情况来定。本科目试验状态点设计如下:

a. 重量:上边界采用小重量,下边界采用最大水面起飞重量。

b. 重心:上边界采用重心后限,下边界采用重心前限。

c. 速度:不同速度点等速滑行。

d. 滑行俯仰姿态:给定多个俯仰姿态。

e. 起落架:收起。

f. 水舵:收起。

g. 发动机状态:选定。

(2) 试飞条件控制。

纵摇边界试飞应确定纵摇边界,确定的纵摇边界应满足正常水面起飞着水,所以对水面和环境的要求与水面正常起飞着水的要求应一致。考虑纵摇边界试飞存在较大风险,因此在本科目试飞中应进行滑行相关科目的试飞。

a. 前置科目:水面加速—停止距离。

b. 水域长:>3 000 m。

c. 能见度:>3 000 m。

d. 水面要求:浪高≤0.2 m。

e. 水深要求:水深>3 m。

f. 温度:不限。

g. 风速和风向:风速<3 m/s。

(3) 试飞方法。

根据水上飞机水面滑行纵向稳定性分析,纵摇边界试飞可以明显分为上边界试飞和下边界试飞。在制订试飞方法时,应根据上下边界的不同来制定不同的标准。本科目上边界试飞可以采用等速法和加速法,下边界试飞一般采用加速法。具体试飞方法如下:

a. 纵摇上边界试飞。

a) 试验前两位飞行员按照水上飞机起飞前检查单对飞机进行检查,确认飞机三向操纵极限位置,确认水舵操纵极限位置,确认无任何告警信息。

b) 操纵飞机慢车滑行到指定区域,利用水舵将飞机航向调整为既定航向。

c) 按照起飞操作程序缓慢匀速推发动机油门到起飞位置,同时将飞机纵向操纵机构操纵至后止动位,操纵飞机沿着既定航向滑跑。

d) 待飞机达到阻力峰速度后,利用飞机纵向操纵机构控制飞机俯仰姿态到断阶滑行状态,同时利用飞机横向操纵控制飞机机翼保持水平,谨防翼尖浮筒触水。

e) 飞机在断阶滑行过程中保持速度方向与机头方向一致。

f) 待飞机速度达到预定速度时,向后拉杆操纵飞机俯仰姿态达到预定值,收油门到指定位置,保持飞机等表速滑行或缓慢增速滑行。

g) 待飞机出现明显纵摇时,立即收油门到慢车位,操纵飞机俯仰姿态到最大值,直到飞机地速小于 3 m/s(如果采取中断起飞时飞机离开水面,则需操纵飞机俯仰姿态到预定值触水,飞机触水后操纵飞机俯仰达到最大值,直到飞机地速小于 3 m/s)。

h) 如果飞机意外离水,且离水高度较高,则可能在再次着水时造成重触水,因此当飞机意外离水时,副驾驶应视情况控制油门从而控制下沉率,机长应将飞机姿态控制到着水姿态。

i) 飞机停止后,两位飞行员按照飞行后检查单完成检查。

j) 以不同的预定速度和预定俯仰角重复以上试验步骤。

b. 纵摇下边界试飞。

a) 试验前两位飞行员按照水上飞机起飞前检查单对飞机进行检查,确认飞机三向操纵极限位置,确认水舵操纵极限位置,确认无任何告警信息。

b) 操纵飞机慢车滑行到指定区域,利用水舵将飞机航向调整为既定航向。

c) 按照起飞操作程序缓慢匀速推发动机油门到起飞位置,同时将飞机纵向操纵机构操纵至后止动位,操纵飞机沿着既定航向滑跑。

d) 待飞机达到阻力峰速度后,利用飞机纵向操纵机构控制飞机俯仰姿态到断阶滑行状态,同时利用飞机横向操纵控制飞机机翼保持水平,谨防翼尖浮筒触水。

e) 飞机在断阶滑行过程中保持速度方向与机头方向一致。

f) 待飞机速度达到预定速度时,适当推杆操纵飞机俯仰姿态达到预定值,收油门到指定位置,保持飞机缓慢减速滑行。

g) 待飞机出现明显纵摇时,立即收油门到慢车位,操纵飞机俯仰姿态到最大值,直到飞机地速小于 3 m/s(如果采取中断起飞时飞机离开水面,则需操纵飞机俯仰姿态到预定值触水,飞机触水后操纵飞机俯仰达到最大值,直到飞机地速小于 3 m/s)。

h) 如果飞机意外离水,且离水高度较高,则可能在再次着水时造成重接水,因此当飞机意外离水时,副驾驶应视情况控制油门从而控制下沉率,机长应将飞机姿态控制到着水姿态。

　　i) 飞机停止后,两位飞行员按照飞行后检查单完成检查。

　　j) 以不同的预定速度和预定俯仰角重复以上试验步骤。

　　(4) 数据处理方法。

　　纵摇边界试飞的目的是确定纵摇上下边界,纵摇上边界和下边界应根据地速给出俯仰姿态的安全范围。所以对试飞数据分析分析应首先判断纵摇出现的标准,然后读取出现纵摇的地速,最终绘制纵摇边界曲线。具体数据处理方法如下:

　　a. 不可控的纵摇和可控的纵摇在实际试飞中很难给出明确的界限,根据试飞经验和相关文献,将不可控纵摇的判定标准初步定为俯仰姿态出现周期性震荡,震荡幅值大于 $2°$,同时飞机的法向过载和高度出现周期性变化。

　　b. 浪高的影响分析:纵摇上边界可能由浪初始触发引起,所有的纵摇试验都应在浪高小于 $0.2\,\mathrm{m}$ 的条件下进行。此外,即使在小浪高条件下进行试验,在同一试验日同一水域,不同架次的试验遇到的浪高也可能会有微小差别,因此需仔细分析过渡架次的俯仰姿态振荡,保证俯仰姿态振幅达到 $2°$ 前的过渡试验架次中俯仰姿态稳定,或者说保证最终的纵摇发生主要由飞机俯仰姿态达到某一值触发而不是浪导致,如有必要应重复试验点。

　　c. 风速的影响分析:试验结果按照地速给出,可能由于风速不同,造成飞机的空速不同,机翼的气动升力也不同,因此对纵摇边界的影响分析需要考虑风速的影响。

　　d. 操纵的影响分析:在进行纵摇边界试验时,由于要长时间保持非正常姿态,因此使俯仰姿态保持一个精确的固定值较为困难,在分析试验结果时应区分俯仰姿态的振荡是由操纵引起的还是自然振荡。

7 水上飞机试飞的风险评估

飞行试验是一项高风险的试验活动,进行任何飞行试验都必须对其试飞风险进行评估,并根据其风险等级采取相应的风险预防和减缓措施,确认试飞风险降低到可接受的水平。

水上飞机具有特殊的设计和使用特点,需要进行大量水上试飞科目。水上试飞科目在风险源识别、风险预防和降低措施等方面都与地面或空中试飞科目有较大不同。本章着重讨论水上飞机试飞的风险评估一般原则和方法,并结合典型水上科目给出参考案例。

7.1 试飞风险评估概述

民用飞机飞行试验是一项复杂的系统工程,其最根本的目的是验证飞机的安全性。对于民用运输类飞机而言,满足适航法规所要求的最低安全标准是所有参研人员的基本工作准则和目标。因此,按照适航规章的要求,民用飞机需要在超出飞行包线、特殊环境下和极端气象条件下进行飞行试验验证工作。这些试验点的验证需要在失速边界、颤振边界、载荷边界以及高原、高寒、高温、高湿、结冰天气和大侧风等条件下进行,是对飞机的性能品质、操稳特性和系统功能及性能的全面考核。除此之外,飞行试验还需要在诸如舵面卡阻、动力装置失效、液压系统失效和电源系统失效等系统故障情况下进行,这些试验技术复杂、风险极高,必须通过科学的风险识别和有效的风险降低措施,才能安全地执行。

飞行试验是探索性和开创性的工程活动,即使在飞行包线内,在正常环境条件和普通气象条件下进行的试验也经常伴随着一定的不确定性,这就决定了飞行试验始终伴随着风险,控制好飞行安全是确保试飞有序推进的重要任务。

根据《航空器型号合格审定试飞安全计划》(AP-21-AA-2014-31R1)的

要求,民用飞机在开展飞行试验时,必须进行风险的评估与控制。因此,试飞工作的重要任务之一就是要预先清晰地识别出飞行试验中的风险,明确风险发生的概率和发生后的危害程度,制订出规避和降低风险的相应措施,将风险控制在可接受的范围内,确保飞行试验能够安全地实施。

7.2 水上飞机试飞安全管理和风险评估的一般方法

无论开展何种飞机试飞工作都存在一定的安全风险,水上飞机也不例外。因此,在进行水上试飞前,首先应了解水上试飞任务和试飞内容,对试飞科目进行科学合理的安全风险评估,根据评估结果,采取应对措施,降低、规避或保留风险,并对试飞科目按风险由小到大的原则进行合理安排。

进行水上试飞风险评估,首先应识别试飞科目的风险因素,根据风险评估的三要素对风险因素进行分析,然后采用风险评价指数法,按风险发生的可能性及后果严重性划分为相应的等级,形成一种风险评估矩阵,并赋予一定的加权值来定性衡量风险大小。水上试飞风险评估的三要素如下:

(1) 该试飞科目可能发生事故的因素是什么?

(2) 该试飞科目发生事故造成损害的程度有多大?

(3) 该试飞科目发生事故的概率有多大?

水上试飞风险发生的可能性等级如表 7-1 所示。

表 7-1 水上试飞风险发生的可能性等级

程 度	等 级	故 障 或 事 故
经常	5	跳跃、喷溅打襟翼、航道有船只等障碍物出现
可能	4	喷溅冲刷襟翼、通信故障、突风、涌浪、侧风、机身水密舱进水、浮筒进水、连续海豚运动
偶然	3	喷溅打螺旋桨、航电故障、连接件疲劳断裂、搁浅、发动机故障、机载设备故障
不可能	2	襟翼脱掉、发动机停车、舵面收放不正常、液压失效、飞机低头钻水、失速、浮筒脱落、翼尖触水、机身水密舱破损、燃油系统故障、操纵系统故障、鸟撞、电源系统故障
极不可能	1	燃油不够、与船只发生碰撞、方向舵脱落、暴雨、试飞水域突然能见度降低

水上试飞风险后果的严重性等级如表 7-2 所示。

表 7-2　风险的后果严重性等级

程　度	等　级	后　果　严　重　性
灾难性的	5	人员受到严重伤害或死亡,飞机严重损坏或飞机毁坏,造成巨大经济损失和社会影响
危害性的	4	人员轻度伤害或飞机轻度损坏,飞机完全不能够从水上起降或造成重大的经济损失,严重影响试飞进度
重大的	3	飞机无损坏,无人员伤害,飞机起降性能受到影响,对试飞计划造成一定影响
小的	2	在可控范围内,对试飞计划影响可忽略不计
无安全影响	1	无风险

以下定义用于具体试验风险等级的评估,这些定义实质上都是非常主观的。表 7-3 仅用于说明风险评估要素。它使用了局方的从风险概率而不是设计要求的角度来考量分类的标准来反映风险等级。风险等级通过包含风险分类和概率的风险评估图对应的风险类别确定。

表 7-3　主观风险评估

后果严重性	概　率				
	经　常	可　能	偶　然	不可能	极不可能
灾难性的	避免	高	高	中	低
危害性的	避免	高	中	中	低
重大的	高	高	中	中	低
小的	中	中	中	低	低
无安全影响	低	低	低	低	低

高风险——即便是在采取了所有预防措施后,仍对人员、设备或财产构成重大风险的试验或活动,必须对各级进行严密监督。

中风险——对人员、设备或财产的风险比正常操作大的试验或活动,需要高于常规的监督。

低风险——对人员、设备或财产的风险不比正常操作大的试验或活动。

根据风险的后果严重性等级和风险发生的可能性,可以定义风险评价指数,即风险发生的可能性与风险后果的严重性的乘积,如表 7-4 所示。

风险可接受准则如下:

表 7-4 风险评价指数矩阵

可能性等级	后果严重性等级				
	1(无安全影响)	2(小的)	3(重大的)	4(危害性的)	5(灾难性的)
5(经常)	5	10	15	20	25
4(可能)	4	8	12	16	20
3(偶然)	3	6	9	12	15
2(不可能)	2	4	6	8	10
1(极不可能)	1	2	3	4	5

(1) 最大风险(A 类)：指数 $R \geqslant 20$ 为最大风险,不可接受,必须采取新的措施。

(2) 高风险(B 类)：指数 $15 \leqslant R < 20$ 为高风险,不可接受,必须积极管理和考虑备选措施。

(3) 中等风险(C 类)：指数 $10 \leqslant R < 15$ 为中等风险,不可接受,必须控制和监控。

(4) 低风险(D 类)：指数 $4 \leqslant R < 10$ 为低风险,经评审后可接受。

(5) 最小风险(E 类)：指数 $R < 4$ 为最小风险,不经评审即可接受。

导致试飞事故发生的原因很多,除了对试飞科目做出评估和控制外,还应对试飞样机的改装、试飞设备、设施装备以及飞机各系统工作状态等情况进行评估和检查,防止由于人为疏忽或设备故障发生事故。

7.3 水上飞机典型水上科目的风险评估和预防

本节根据水上飞机典型科目的试飞程序和方法,对水面试飞科目的试飞进行风险源识别、风险产生原因分析,提出降险措施和应急预案。此外,按照中国民用航空局航空器适航审定司管理程序《航空器型号合格审定试飞安全计划》中的试飞风险管理方法,对试飞风险等级进行了分类和评估,包括风险的危害性和发生概率的评估,并形成高风险、中风险、低风险的主观风险评定图,具体内容可参见各项风险评估分析单。

7.3.1 水面起飞性能

1) 风险源识别

(1) 飞机航向失去控制。

(2) 飞机起飞距离过长或无法起飞。

（3）一发停车起飞试验起飞后飞机爬升困难。

（4）水面起飞过程中飞机倾覆/沉入水中。

（5）机体结构受损。

2）风险原因分析

（1）飞机航向失去控制。

a. 飞机断阶滑行过程中，单侧翼尖浮筒触水，导致飞机偏航力矩过大而失去航向控制。

b. 飞机水舵卡阻，导致飞机低速滑行过程中失去航向控制。

c. 一发停车起飞试验中，偏航力矩过大导致飞机失去航向控制。

d. 一发停车起飞试验中，滚转力矩过大导致单侧翼尖浮筒触水而造成航向失去控制。

e. 单侧浮筒水密性受到破坏，导致飞机断阶滑行中单侧浮筒触水，进而导致飞机航向失去控制。

（2）飞机起飞距离过长或无法起飞。

a. 水阻力过大导致飞机无法按要求加速到起飞速度。

b. 一发停车起飞试验，发动机拉力过小，无法完成起飞。

c. 飞机拉起俯仰角过大导致机尾触水，进而导致飞机起飞距离过长或无法起飞。

d. 飞机水密性受到破坏，导致飞机重量增加或重心超限，进而导致飞机无法起飞。

（3）一发停车起飞试验起飞后飞机爬升困难。

a. 一发停车起飞发动机拉力不足导致飞机起飞爬升困难。

b. 一发停车起飞后侧滑带来附加阻力，导致飞机爬升困难。

（4）水面起飞过程中飞机倾覆/沉入水中。

a. 断阶滑行过程中，操纵引起滚转角过大导致飞机翼尖浮筒触水，进而导致飞机倾覆水中。

b. 断阶滑行过程中，侧风引起滚转角过大导致飞机翼尖浮筒触水，进而导致飞机倾覆水中。

c. 一发停车起飞科目中，滚转力矩过大导致单侧翼尖浮筒触水，进而导致飞机倾覆水中。

d. 飞机受到突然的涌浪影响导致飞机失去稳定性而倾覆水中。

e. 飞机发生严重纵摇，导致飞机倾覆/沉入水中。

f. 飞机水密性受到破坏导致飞机重量增加或重心超限,进而导致飞机沉入水中。

（5）机体结构受损。

a. 飞机撞击到水面漂浮物,导致机体结构受损。

b. 飞机撞击到暗礁,导致机体结构受损。

c. 飞机发生严重纵摇,导致机体结构受损。

d. 飞机带着侧滑断阶滑行,导致单侧翼尖浮筒触水,进而造成翼尖浮筒受损。

3）降险措施

（1）飞机航向失去控制。

a. 试验选择在开阔水域进行。

b. 试验过程中,监控飞机起飞过程。

c. 飞机断阶滑行过程中,注意横向操纵,谨防翼尖浮筒触水。

d. 试验前对飞机水舵进行检查,保证水舵工作正常。

e. 一发停车起飞试验前,完成水面最小操纵速度试飞。

f. 一发停车起飞试验先缓慢收油门作为过渡架次,保证飞机航向可控后再进行停车试验。

g. 一发停车起飞试验先缓慢收油门作为过渡架次,保证飞机浮筒不会触水后再进行停车试验。

h. 试飞前对飞机浮筒进行水密性检查,保证飞机浮筒水密性良好。

（2）飞机起飞距离过长或无法起飞。

a. 试验能见度大于 3 000 m。

b. 试飞员熟悉水面起飞和中断起飞操纵流程。

c. 进行水面起飞试飞科目前,完成飞机高速滑行试验科目,确保飞机加速性能良好。

d. 先进行全发试飞状态点试验,然后进行一发停车起飞试飞状态点试验。

e. 先进行小重量起飞试验,随后进行中等重量起飞试验,最后进行大重量起飞试验。

f. 每一架次结束试验后,试飞工程师对起飞距离进行计算评估,保证起飞距离在可控范围内。

g. 一发停车试飞科目先进行收关键发动机到慢车（顺桨）的起飞,然后进行停车起飞试验。

h. 飞机起飞过程中,严格将俯仰姿态(纵倾角)控制在各速度点的推荐值附近,并严格执行起飞拉起操纵程序,谨防操纵量过大。

i. 试验前,地勤人员按要求对飞机机身水密性进行检查,保证机身水密性良好。

(3) 一发停车起飞试验起飞后飞机爬升困难。

a. 一发停车起飞试验前完成陆上一发停车起飞试验,或者完成高空一发停车爬升试验。

b. 一发停车起飞试验中采用循序渐进的方法,先收慢车,再进行停车试验。

(4) 水面起飞过程中飞机倾覆/沉入水中。

a. 试验风速不大于 3 m/s。

b. 飞机断阶滑行过程中,注意横向操纵,谨防翼尖浮筒触水。

c. 记录飞机试飞前的风速和风向,不在侧风中起飞。

d. 一发停车起飞试验先缓慢收油门作为过渡架次,保证飞机浮筒不会触水后再进行停车试验。

e. 对试验水域的水文情况进行分析,确保试验水域无暗涌和突发大浪。

f. 控制试验水域浪高不超过 0.2 m。

g. 如果飞机发生严重纵摇,且飞机未离开水面,则立即将驾驶盘操纵至后止动位,并立即收油门到慢车,直到纵摇消失。

h. 如果飞机发生严重纵摇,且飞机离开水面,飞机速度小于正常起飞离水速度,则利用发动机拉力控制飞机触水时的下沉率。

i. 如果飞机发生严重纵摇,且飞机已经离开水面,飞机速度大于起飞离水速度,则可以操纵飞机继续起飞。

j. 试验前,地勤人员按要求对飞机机身水密性进行检查,保证机身水密性良好。

k. 试验时机上人员尽可能少。

l. 试验机加装综合显示器,为试飞员显示关键参数。

(5) 机体结构受损。

a. 试验前对试验水域漂浮物、船只、游泳者、暗礁进行检查和清理,确保试验水域满足试验条件。

b. 试验前对试验水域进行水深评估,保证试验水域的水深大于 3 m。

c. 飞机一旦发生严重纵摇,参考(4)项中 g~i 操纵飞机。

d. 飞机发生严重纵摇的架次结束试验后,工程师对飞机的主要结构部件进行检查,确保飞机结构未受损。

e. 试飞员熟悉起飞操纵流程,保证飞机起飞航向与机体纵向一致,谨防带着侧滑起飞。

f. 在试验水域设定安全救援船只,保证突发情况出现时能够及时救援。

4) 应急预案

(1) 试验过程中,一旦发现航向失去控制,则利用方向舵和差动拉力控制飞机航向。

(2) 试验过程中,如果发现飞机尾部触水,则立即采取中断起飞操纵程序操纵飞机停止。

(3) 试验过程中,一旦发生单侧浮筒触水,则利用横向操纵将机翼恢复到水平状态,并收油门到底,利用中断起飞操纵程序操纵飞机停止。

(4) 试验中,如果发现飞机增速缓慢,则立即采取中断起飞操纵,使飞机停止。

(5) 如果飞机发生严重纵摇,且飞机还未离开水面,则立即将驾驶盘操纵至后止动位,并立即收油门到慢车,直到纵摇消失。

(6) 如果飞机发生严重纵摇,且飞机离开水面,飞机速度小于正常起飞离水速度,则利用发动机拉力控制飞机触水时的下沉率。

(7) 如果飞机发生严重纵摇,且离开水面,飞机速度大于正常起飞离水速度,则可以操纵飞机继续起飞。

(8) 如果发现飞机结构受损,则立即采取中断起飞操纵,操纵飞机立即停止。

(9) 如果发现飞机有沉入水中的趋势或飞机已经沉入水中,应采取水面应急离机程序应急离机。

(10) 如果发生意外,则水面救援船只立即采取救援行动。

7.3.2 正常着水性能

1) 风险源识别

(1) 飞机航向失去控制。

(2) 着水飞过程中飞机倾覆/沉入水中。

(3) 机体结构受损。

2) 风险原因分析

(1) 飞机航向失去控制。

a. 飞机触水后,单侧翼尖浮筒触水,导致飞机偏航力矩过大而失去航向控制。

b. 飞机水舵卡阻,导致飞机低速滑行过程中失去航向控制。

c. 单侧浮筒水密性受到破坏,导致飞机触水后单侧浮筒触水,进而导致飞机航向失去控制。

(2) 飞机倾覆/沉入水中。

a. 飞机拉平高度过高,导致飞机在触水时急剧低头,进而导致飞机直接沉入水中。

b. 飞机触水俯仰姿态过大,导致飞机在水面跳跃而失去稳定性,进而导致飞机倾覆水中。

c. 飞机触水俯仰姿态过小,直接导致飞机倾覆水中。

d. 飞机触水时,遇到涌浪失去稳定性,进而倾覆水中。

e. 飞机触水后发生严重纵摇,导致飞机倾覆/沉入水中。

f. 飞机水密性受到破坏导致飞机重量增加或重心超限,进而导致飞机沉入水中。

(3) 机体结构受到损坏。

a. 飞机触水后撞击到水面漂浮物,机体结构受损。

b. 飞机触水后撞击到暗礁,导致机体结构受损。

c. 飞机触水后发生严重纵摇,导致飞机结构受损。

d. 飞机触水后,着水姿态和速度不合理,导致飞机在水面跳跃,进而导致机体结构受损。

e. 飞机带着侧滑着水,导致单侧翼尖浮筒触水,进而造成翼尖浮筒受损。

3) 降险措施

(1) 飞机航向失去控制。

a. 试验选择在开阔水域进行。

b. 试验过程中,监控飞机着水过程。

c. 飞机触水后,注意横向操纵,谨防翼尖浮筒触水。

d. 试验前对飞机水舵进行检查,保证水舵工作正常。

e. 试验前对飞机浮筒进行水密性检查,保证飞机浮筒水密性良好。

(2) 飞机倾覆/沉入水中。

a. 试验能见度大于 3 000 m。

b. 试飞员熟悉着水操纵流程和触水连续起飞流程。

c. 飞机着水前,试飞员利用水面波纹特征、岸边树木、风袋等判断风向。

d. 如果飞机出现严重跳跃,则在飞机再次触水前,利用发动机拉力控制飞机下沉率,谨防下沉率过大。

e. 在操纵飞机着水过程时,严格按照着水操纵流程控制飞机的着水速度和着水姿态,谨防着水速度过大,着水姿态过大或过小。

f. 先进行小重量着水试验,随后进行中等重量着水试验,最后进行大重量着水试验。

g. 试验前,地勤人员按要求对飞机机身水密性进行检查,保证机身水密性良好。

(3) 机体结构受到损坏。

a. 试验风速不大于 3 m/s。

b. 保证飞机不在侧风中着水和不带侧滑着水。

c. 控制试验水域浪高不超过 0.2 m。

d. 试验前对试验水域漂浮物、船只、游泳者、暗礁进行检查和清理,确保试验水域满足试验条件。

e. 试验前对试验水域进行水深评估,保证试验水域的水深大于 3 m。

f. 如果飞机发生严重纵摇,且飞机未离开水面,则立即将驾驶盘操纵至后止动位,并立即收油门到慢车,直到纵摇消失。

g. 如果飞机发生严重纵摇,且飞机离开水面,则利用发动机拉力控制飞机再次触水时的下沉率。

h. 操纵飞机着水过程中,严格按照着水操纵流程控制飞机的着水速度和着水姿态,谨防着水速度过大,着水姿态过大或过小。

i. 飞机发生严重跳跃或严重纵摇的架次结束试验后,工程师对飞机的主要结构部件进行检查,确保飞机结构未受损。

j. 试飞员熟悉着水操纵流程,保证飞机着水航向与机体纵向一致,谨防带着侧滑着水。

k. 在试验水域设定安全救援船只,保证突发情况出现时能够及时救援。

l. 试验时机上人员尽可能少。

m. 试验机加装综合显示器,为试飞员显示关键参数。

4) 应急预案

(1) 试验过程中,一旦发现航向失去控制,则利用方向舵和差动拉力控制飞机航向。

（2）试验过程中，一旦发生单侧浮筒触水，则利用横向操纵将机翼恢复到水平状态。

（3）如果着水过程中产生跳跃现象，则需利用发动机拉力控制飞机再次着水时的下沉率，谨防着水速率过大。

（4）如果飞机发生严重纵摇，且飞机还未离开水面，则立即将驾驶盘操纵至后止动位，并立即收油门到慢车，直到纵摇消失。

（5）如果飞机发生严重纵摇，且飞机离开水面，则利用发动机拉力控制飞机再次触水时的下沉率。

（6）如果发现飞机有沉入水中的趋势或飞机已经沉入水中，则采取水面应急离机程序应急离机。

7.3.3　水面加速—停止距离

1）风险源识别

（1）飞机航向失去控制。

（2）飞机加速—停止距离过长。

（3）飞机倾覆/沉入水中。

（4）机体结构受损。

2）风险原因分析

（1）飞机航向失去控制。

a. 飞机断阶滑行过程中，单侧翼尖浮筒触水，导致飞机偏航力矩过大而失去航向控制。

b. 飞机水舵卡阻，导致飞机低速滑行过程中失去航向控制。

c. 一发停车加速—停止试验中，偏航力矩过大导致飞机失去航向控制。

d. 一发停车加速—停止试验中，滚转力矩过大导致单侧翼尖浮筒触水而造成航向失去控制。

e. 单侧浮筒水密性受到破坏，导致飞机断阶滑行中单侧浮筒触水，进而导致飞机航向失去控制。

（2）飞机加速—停止距离过长。

a. 水阻力过大导致飞机无法按要求加速到预定速度。

b. 进行一发停车加速—停止试验时，飞机无法按要求加速到预定速度。

c. 飞机水密性受到破坏，导致飞机重量增加或重心超限，进而导致加速—停止距离过长。

（3）飞机倾覆/沉入水中。

a. 断阶滑行过程中，操纵引起滚转角过大导致飞机翼尖浮筒触水，进而导致飞机倾覆水中。

b. 断阶滑行过程中，侧风引起滚转角过大导致飞机翼尖浮筒触水，进而导致飞机倾覆水中。

c. 一发停车加速—停止科目中，滚转力矩过大导致单侧翼尖浮筒触水，进而造成飞机倾覆水中。

d. 飞机受到突然的涌浪影响导致飞机失去稳定性而倾覆水中。

e. 飞机发生严重纵摇，导致飞机倾覆/沉入水中。

f. 飞机水密性受到破坏导致飞机重量增加或重心超限，进而导致飞机沉入水中。

（4）机体结构受损。

a. 飞机撞击到水面漂浮物，导致机体结构受损。

b. 飞机撞击到暗礁，导致机体结构受损。

c. 飞机发生严重纵摇，导致飞机结构受损。

d. 飞机带着侧滑断阶滑行，导致单侧翼尖浮筒触水，进而造成翼尖浮筒受损。

3）降险措施

（1）飞机航向失去控制。

a. 试验选择在开阔水域进行。

b. 试验过程中，监控飞机加速—停止距离试验过程。

c. 飞机断阶滑行过程中，注意横向操纵，谨防翼尖浮筒触水。

d. 试验前对飞机水舵进行检查，保证水舵工作正常。

e. 一发停车加速—停止试验前，完成水面最小操纵速度试验，确定水面 V_{EFW}。

f. 一发停车加速—停止试验先缓慢收油门作为过渡架次，保证飞机航向可控后再进行停车试验。

g. 一发停车加速—停止试验先缓慢收油门作为过渡架次，保证飞机浮筒不会触水后再进行停车试验。

h. 试验前对飞机浮筒进行水密性检查，保证飞机浮筒水密性良好。

（2）飞机加速—停止距离过长。

a. 试验能见度大于 3 000 m。

b. 试飞员熟悉水面起飞和加速—停止(中断起飞)操纵流程。

c. 进行水面加速—停止试飞科目前,完成飞机高速滑行试验科目,确保飞机加速性能良好。

d. 先进行全发试飞状态点试验,然后进行一发停车加速—停止试飞状态点试验。

e. 先进行小重量加速—停止试验,随后进行中等重量加速—停止试验,最后进行大重量加速—停止试验。

f. 每一架次结束试验后,试飞工程师对加速—停止距离进行计算评估,保证加速—停止距离在可控范围内。

g. 一发停车试飞科目先进行收关键发动机到慢车(顺桨)的加速—停止试验,然后进行停车加速—停止距离试验。

h. 飞机加速—停止过程中,严格将俯仰姿态(纵倾角)控制在各速度点的推荐值附近,并严格执行加速—停止拉起操纵程序,谨防操纵量过大。

i. 试验前,地勤人员按要求对飞机机身水密性进行检查,保证机身水密性良好。

j. 试验时机上人员尽可能少。

k. 试验机加装综合显示器,为试飞员显示关键参数。

(3) 飞机倾覆/沉入水中。

a. 试验风速不大于 3 m/s。

b. 飞机断阶滑行过程中,注意横向操纵,谨防翼尖浮筒触水。

c. 记录飞机试飞前的风速和风向,不在侧风中进行水面加速—停止试验。

d. 一发停车加速—停止试验先缓慢收油门作为过渡架次,保证飞机浮筒不会触水后再进行停车试验。

e. 对试验水域的水文情况进行分析,确保试验水域无暗涌和突发大浪。

f. 控制试验水域浪高不超过 0.2 m。

g. 如果飞机发生严重纵摇,且飞机未离开水面,则立即将驾驶盘操纵至后止动位,并立即收油门到慢车,直到纵摇消失。

h. 如果飞机发生严重纵摇,且飞机离开水面,飞机速度小于正常起飞离水速度,则利用发动机拉力控制飞机触水时的下沉率。

i. 如果飞机发生严重纵摇,且飞机已经离开水面,飞机速度大于正常起飞离水速度,则可以操纵飞机继续起飞。

j. 试验前,地勤人员按要求对飞机机身水密性进行检查,保证机身水密性良好。

(4) 机体结构受损。

a. 试验前对试验水域漂浮物、船只、游泳者、暗礁进行检查和清理,确保试验水域满足试验条件。

b. 试验前对试验水域进行水深评估,保证试验水域的水深大于 3 m。

c. 飞机一旦进入严重纵摇,参考(3)项中 g~i 操纵飞机。

d. 飞机发生严重纵摇的架次结束试验后,工程师对飞机的主要结构部件进行检查,确保飞机结构未受损。

e. 试飞员熟悉加速—停止操纵流程,保证飞机滑行航向与机体纵向一致,谨防带着侧滑滑行。

f. 在试验水域设定安全救援船只,保证突发情况出现时能够及时救援。

4) 应急预案

(1) 试验过程中,一旦发现航向失去控制,则利用方向舵和差动拉力控制飞机航向。

(2) 试验过程中,一旦发生单侧浮筒触水,则利用横向操纵将机翼恢复到水平状态,并收油门到底,利用中断起飞操纵程序操纵飞机停止。

(3) 试验中,如果发现飞机增速缓慢,则立即采取中断加速—停止操纵,使飞机停止。

(4) 如果飞机发生严重纵摇,且飞机未离开水面,则立即将驾驶盘操纵至后止动位,并立即收油门到慢车,直到纵摇消失。

(5) 如果飞机发生严重纵摇,且飞机离开水面,飞机速度小于正常起飞离水速度,则利用发动机拉力控制飞机触水时的下沉率。

(6) 如果飞机发生严重纵摇,且飞机已经离开水面,飞机速度大于正常起飞离水速度,则可以操纵飞机继续起飞。

(7) 如果发现飞机结构受损,则立即采取中断起飞操纵,操纵飞机立即停止。

(8) 如果发现飞机有沉入水中的趋势或飞机已经沉入水中,则采取水面应急离机程序应急离机。

7.3.4 水面误配平起飞

1) 风险源识别

(1) 飞机航向失去控制。

（2）飞机起飞距离过长或无法起飞。

（3）一发停车起飞试验起飞后飞机爬升困难。

（4）飞机低空失速。

（5）水面起飞过程中飞机倾覆/沉入中。

（6）机体结构受损。

2）风险原因分析

（1）飞机航向失去控制。

a. 飞机断阶滑行过程中，单侧翼尖浮筒触水，导致飞机偏航力矩过大而失去航向控制。

b. 飞机水舵卡阻，导致飞机低速滑行过程中失去航向控制。

c. 一发停车起飞试验中，偏航力矩过大导致飞机失去航向控制。

d. 一发停车起飞试验中，滚转力矩过大导致单侧翼尖浮筒触水而造成航向失去控制。

e. 单侧浮筒水密性受到破坏，导致飞机断阶滑行中单侧浮筒触水，进而导致飞机航向失去控制。

（2）飞机起飞距离过长或无法起飞。

a. 水阻力过大导致飞机无法按要求加速到起飞速度。

b. 一发停车起飞试验，发动机拉力过小，导致飞机起飞距离过长或无法起飞。

c. 飞机拉起操纵困难或拉起时杆力过轻导致机尾触水，进而导致飞机起飞距离过长或无法起飞。

d. 飞机水密性受到破坏，导致飞机重量增加或重心超限，进而导致飞机无法起飞。

（3）一发停车起飞试验起飞后飞机爬升困难。

a. 一发停车起飞发动机拉力不足导致飞机起飞爬升困难。

b. 飞机起飞后迎角过大，导致飞机爬升困难。

（4）飞机低空失速。

a. 前重心试验点，飞机过早抬头起飞，导致飞机小速度离水，进而导致飞机低空失速。

b. 后重心试验点，试飞员拉杆过度，导致飞机机头上扬，进而导致飞机低空失速。

（5）水面起飞过程中飞机倾覆/沉入水中。

a. 断阶滑行过程中,操纵引起滚转角过大导致飞机翼尖浮筒触水,进而导致飞机倾覆水中。

b. 断阶滑行过程中,侧风引起滚转角过大导致飞机翼尖浮筒触水,进而导致飞机倾覆水中。

c. 一发停车起飞科目中,滚转力矩过大导致单侧翼尖浮筒触水,进而造成飞机倾覆水中。

d. 飞机受到突然的涌浪影响导致飞机失去稳定性而倾覆水中。

e. 飞机发生严重纵摇,导致飞机倾覆/沉入水中。

f. 飞机水密性受到破坏导致飞机重量增加或重心超限,进而导致飞机沉入水中。

(6) 机体结构受损。

a. 飞机撞击到水面漂浮物,导致机体结构受损。

b. 飞机撞击到暗礁,导致机体结构受损。

c. 飞机发生严重纵摇,导致飞机结构受损。

d. 飞机带着侧滑断阶滑行,导致单侧翼尖浮筒触水,进而造成翼尖浮筒受损。

3) 降险措施

(1) 飞机航向失去控制。

a. 试验选择在开阔水域进行。

b. 试验过程中,监控飞机起飞过程。

c. 飞机断阶滑行过程中,注意横向操纵,谨防翼尖浮筒触水。

d. 试验前对飞机水舵进行检查,保证水舵工作正常。

e. 一发停车起飞试验前,完成水面最小操纵速度试飞。

f. 一发停车起飞试验先缓慢收油门作为过渡架次,保证飞机航向可控后再进行停车试验。

g. 一发停车起飞试验先缓慢收油门作为过渡架次,保证飞机浮筒不会触水后再进行停车试验。

h. 试飞前对飞机浮筒进行水密性检查,保证飞机浮筒水密性良好。

(2) 飞机起飞距离过长或无法起飞。

a. 试验能见度大于 3 000 m。

b. 试飞员熟悉水面起飞和中断起飞操纵流程。

c. 进行水面起飞试飞科目前,完成飞机高速滑行试验科目,确保飞机加速性能良好。

d. 先进行全发试飞状态点试验,再进行一发停车起飞试飞状态点试验。

e. 先进行小重量起飞试验,随后进行中等重量起飞试验,最后进行大重量起飞试验。

f. 误配平试验采用循序渐进的方法,逐渐过渡到误配平角度的目标值。

g. 误配平角度过渡的每一架次中,试飞工程师对飞机尾部触水状态进行评价,然后进行下一架次试飞。

h. 每一架次结束试验后,试飞工程师对起飞距离进行计算评估,保证起飞距离在可控范围内。

i. 一发停车试飞科目先进行收关键发动机到慢车(顺桨)的起飞,然后进行停车起飞试验。

j. 飞机起飞过程中,严格将俯仰姿态(纵倾角)控制在各速度点的推荐值附近,并严格执行起飞拉起操纵程序,谨防操纵量过大。

k. 试验前,地勤人员按要求对飞机机身水密性进行检查,保证机身水密性良好。

(3) 一发停车起飞试验起飞后飞机爬升困难。

a. 一发停车起飞试验前完成陆上一发停车起飞试验,或者完成高空一发停车爬升试验。

b. 水面误配平起飞试验前,完成水面正常起飞性能试验。

c. 试验中采用循序渐进的方法,先进行全发试验科目再进行一发停车试验科目。

d. 一发停车试验中,先进行收慢车试验,再进行停车试验。

(4) 飞机低空失速。

a. 试飞时断开推杆器,抖杆器正常工作。

b. 试验机加装综合显示器,为试飞员显示关键参数。

c. 试验前评估试验中各试验点可能遇到的最大迎角和最小速度,谨防试验中迎角和速度超限。

d. 试验采取循序渐进的方法,逐渐增加配平的错误量。

e. 试飞员充分了解过渡架次中飞机的杆力特性。

f. 评估过渡架次中飞机起飞后的速度和迎角,保证有足够的安全余量。

(5) 水面起飞过程中飞机倾覆/沉入水中。

a. 试验风速不大于 3 m/s。

b. 飞机断阶滑行过程中,注意横向操纵,谨防翼尖浮筒触水。

c. 记录飞机试飞前的风速和风向,不在侧风中起飞。

d. 一发停车试验先缓慢收油门作为过渡架次,保证飞机浮筒不会触水后再进行停车试验。

e. 对试验水域的水文情况进行分析,确认试验水域无暗涌和突发大浪。

f. 控制试验水域浪高不超过 0.2 m。

g. 如果飞机发生严重纵摇,且飞机未离开水面,则立即将驾驶盘操纵至后止动位,并立即收油门到慢车,直到纵摇消失。

h. 如果飞机发生严重纵摇,且飞机离开水面,飞机速度小于正常起飞离水速度,则利用发动机拉力控制飞机触水时的下沉率。

i. 如果飞机发生严重纵摇,且飞机已经离开水面,飞机速度大于起飞离水速度,则可以操纵飞机继续起飞。

j. 试验前,地勤人员按要求对飞机机身水密性进行检查,保证机身水密性良好。

k. 试验时机上人员尽可能少。

l. 试验机加装综合显示器,为试飞员显示关键参数。

(6) 机体结构受到损坏。

a. 试验前对试验水域漂浮物、船只、游泳者、暗礁进行检查和清理,确保试验水域满足试验条件。

b. 试验前对试验水域进行水深评估,保证试验水域的水深大于 3 m。

c. 飞机一旦发生严重纵摇,参考(5)项中 g~i 操纵飞机。

d. 飞机发生严重纵摇的架次结束试验后,工程师对飞机的主要结构部件进行检查,确保飞机结构未受损。

e. 试飞员熟悉起飞操纵流程,保证飞机起飞航向与机体纵向一致,谨防带着侧滑起飞。

f. 在试验水域设定安全救援船只,保证突发情况出现时能够及时救援。

4) 应急预案

(1) 试验过程中,一旦发现航向失去控制,则利用方向舵和差动拉力控制飞机航向。

(2) 试验过程中,如果发现飞机尾部触水,则立即采取中断起飞操纵程序操纵飞机停止。

(3) 试验过程中,一旦发生单侧浮筒触水,则利用横向操纵将机翼恢复到水平状态,并收油门到底,利用中断起飞操纵程序操纵飞机停止。

（4）试验中,如果发现飞机增速缓慢,则立即采取中断起飞操纵,使飞机停止。

（5）如果飞机发生严重纵摇,且飞机还未离开水面,则立即将驾驶盘操纵至后止动位,并立即收油门到慢车,直到纵摇消失。

（6）如果飞机发生严重纵摇,且飞机离开水面,飞机速度小于正常起飞离水速度,则利用发动机拉力控制飞机触水时的下沉率。

（7）如果飞机发生严重纵摇,且离开水面,飞机速度大于正常起飞离水速度,则可以操纵飞机继续起飞。

（8）如果发现飞机结构受损,则立即采取中断起飞操纵,操纵飞机立即停止。

（9）如果发现飞机有沉入水中的趋势或飞机已经沉入水中,则采取水面应急离机程序应急离机。

7.3.5　水面过早过度抬头起飞

1）风险源识别

（1）飞机航向失去控制。

（2）飞机起飞距离过长或无法起飞。

（3）一发停车起飞试验起飞后飞机爬升困难。

（4）飞机低空失速。

（5）水面起飞过程中飞机倾覆/沉入水中。

（6）机体结构受损。

2）风险原因分析

（1）飞机航向失去控制。

a. 飞机断阶滑行过程中,单侧翼尖浮筒触水,导致飞机偏航力矩过大而失去航向控制。

b. 飞机水舵卡阻,导致飞机低速滑行过程中失去航向控制。

c. 一发停车起飞试验中,偏航力矩过大导致飞机失去航向控制。

d. 一发停车起飞试验中,滚转力矩过大导致单侧翼尖浮筒触水而造成航向失去控制。

e. 单侧浮筒水密性受到破坏,导致飞机断阶滑行中单侧浮筒触水,进而导致飞机航向失去控制。

（2）飞机起飞距离过长或无法起飞。

a. 水阻力过大导致飞机无法按要求加速到起飞速度。

b. 进行一发停车起飞试验时发动机拉力过小,导致飞机起飞距离过长或无法起飞。

c. 过度抬头时,飞机的尾部触水,导致飞机起飞距离过长或无法起飞。

d. 过早抬头时,飞机起飞距离过长或无法起飞。

e. 飞机水密性受到破坏,导致飞机重量增加或重心超限,进而导致飞机无法起飞。

（3）一发停车起飞试验起飞后飞机爬升困难。

a. 进行一发停车起飞试验时发动机拉力不足导致飞机起飞爬升困难。

b. 飞机起飞后迎角过大,导致飞机爬升困难。

（4）飞机低空失速。

a. 飞机在过度抬头情况下,飞机迎角大于失速迎角,导致飞机低空失速。

b. 飞机在过早抬头情况下,飞机起飞离水速度过小,导致飞机低空失速。

（5）水面起飞过程中飞机倾覆/沉入水中。

a. 断阶滑行过程中,操纵引起滚转角过大导致飞机翼尖浮筒触水,进而导致飞机倾覆水中。

b. 断阶滑行过程中,侧风引起滚转角过大导致飞机翼尖浮筒触水,进而导致飞机倾覆水中。

c. 一发停车起飞试验科目中,滚转力矩过大导致单侧翼尖浮筒触水,进而造成飞机倾覆水中。

d. 飞机受到突然的涌浪影响导致飞机失去稳定性而倾覆水中。

e. 飞机发生严重纵摇,导致飞机倾覆/沉入水中。

f. 飞机水密性受到破坏导致飞机重量增加或重心超限,进而导致飞机沉入水中。

（6）机体结构受损。

a. 飞机撞击到水面漂浮物,导致机体结构受损。

b. 飞机撞击到暗礁,导致机体结构受损。

c. 飞机发生严重纵摇,导致飞机结构受损。

d. 飞机带着侧滑断阶滑行,导致单侧翼尖浮筒触水,进而造成翼尖浮筒受损。

3）降险措施

（1）飞机航向失去控制。

a. 试验选择在开阔水域进行。

b. 试验过程中,监控飞机起飞过程。

c. 飞机断阶滑行过程中,注意横向操纵,谨防翼尖浮筒触水。

d. 试验前对飞机水舵进行检查,保证水舵工作正常。

e. 一发停车起飞试验前,完成水面最小操纵速度科目试飞。

f. 一发停车起飞试验先缓慢收油门作为过渡架次,保证飞机航向可控后再进行停车试验。

g. 一发停车起飞试验先缓慢收油门作为过渡架次,保证飞机浮筒不会触水后再进行停车试验。

h. 试飞前对飞机浮筒进行水密性检查,保证飞机浮筒水密性良好。

(2) 飞机起飞距离过长或无法起飞。

a. 试验能见度大于 3 000 m。

b. 试飞员熟悉水面起飞和中断起飞操纵流程。

c. 进行水面起飞试飞科目前,完成飞机高速滑行试验科目,确保飞机加速性能良好。

d. 先进行全发试飞状态点试验,再进行一发停车起飞试飞状态点试验。

e. 先进行小重量起飞试验,随后进行中等重量起飞试验,最后进行大重量起飞试验。

f. 误配平采用循序渐进的方法,先进行全发试验然后进行一发停车试验。

g. 误配平角度过渡的每一架次中,试飞工程师对飞机尾部触水状态进行评价,然后进行下一架次试飞。

h. 每一架次结束试验后,试飞工程师对起飞距离进行计算评估,保证起飞距离在可控范围内。

i. 一发停车试飞科目先进行收关键发动机到慢车(顺桨)的起飞,再进行停车起飞试验。

j. 飞机起飞滑行过程中,严格将俯仰姿态(纵倾角)控制在预定值附近。

k. 飞机起飞拉起时,充分在过渡架次经验的基础上进行,谨防操纵量过大。

l. 试验前,地勤人员按要求对飞机机身水密性进行检查,保证机身水密性良好。

(3) 一发停车起飞试验起飞后飞机爬升困难。

a. 进行一发停车起飞试验前完成陆上一发停车起飞试验,或者完成高空一发停车爬升试验。

b. 进行水面过早过度抬头试验前,完成水面正常起飞性能试验。

c. 试验中采用循序渐进的方法,先进行全发试验科目,再进行一发停车试验科目。

d. 一发停车试验中,先进行收慢车试验,然后再进行停车试验。

（4）飞机低空失速。

a. 试飞时断开推杆器,抖杆器正常工作。

b. 试验机加装综合显示器,为试飞员显示关键参数。

c. 试验前评估试验中各试验点可能遇到的最大迎角和最小速度,谨防试验中迎角和速度超限。

d. 试验采取循序渐进的方法,先进行全发过度抬头试验,再进行过早抬头试验,最后进行过早过度抬头试验。

e. 评估过渡架次中飞机起飞后的速度和迎角,保证有足够的安全余量。

（5）水面起飞过程中飞机倾覆/沉入水中。

a. 试验风速不大于 3 m/s。

b. 飞机断阶滑行过程中,注意横向操纵,谨防翼尖浮筒触水。

c. 记录飞机试飞前的风速和风向,不在侧风中起飞。

d. 一发停车起飞试验先缓慢收油门作为过渡架次,保证飞机浮筒不会触水后再进行停车试验。

e. 对试验水域的水文情况进行分析,确认试验水域无暗涌和突发大浪。

f. 控制试验水域浪高不超过 0.2 m。

g. 如果飞机发生严重纵摇,且飞机未离开水面,则立即将驾驶盘操纵至后止动位,并立即收油门到慢车,直到纵摇消失。

h. 如果飞机发生严重纵摇,且飞机离开水面,飞机速度小于正常起飞离水速度,则利用发动机拉力控制飞机触水时的下沉率。

i. 如果飞机发生严重纵摇,且飞机已经离开水面,飞机速度大于起飞离水速度,则可以操纵飞机继续起飞。

j. 试验前,地勤人员按要求对飞机机身水密性进行检查,保证机身水密性良好。

k. 试验时机上人员尽可能少。

l. 试验机加装综合显示器,为试飞员显示关键参数。

（6）机体结构受损。

a. 试验前对试验水域漂浮物、船只、游泳者、暗礁进行检查和清理,确保试验水域满足试验条件。

b. 试验前对试验水域进行水深评估,保证试验水域的水深大于 3 m。

c. 飞机一旦发生严重纵摇,参考(5)项中 g~i 操纵飞机。

d. 飞机发生严重纵摇的架次结束试验后,工程师对飞机的主要结构部件进行检查,确保飞机结构未受损。

e. 试飞员熟悉起飞操纵流程,保证飞机起飞航向与机体纵向一致,谨防带着侧滑起飞。

f. 在试验水域设定安全救援船只,保证突发情况出现时能够及时救援。

4) 应急预案

(1) 试验过程中,一旦发现航向失去控制,则利用方向舵和差动拉力控制飞机航向。

(2) 试验过程中,如果发现飞机尾部触水,则立即采取中断起飞操纵程序操纵飞机停止。

(3) 试验过程中,一旦发生单侧浮筒触水,则利用横向操纵将机翼恢复到水平状态,并收油门到底,利用中断起飞操纵程序操纵飞机停止。

(4) 试验中,如果发现飞机增速缓慢,则立即采取中断起飞操纵,使飞机停止。

(5) 如果飞机发生严重纵摇,且飞机还未离开水面,则立即将驾驶盘操纵至后止动位,并立即收油门到慢车,直到纵摇消失。

(6) 如果飞机发生严重纵摇,且飞机离开水面,飞机速度小于正常起飞离水速度,则利用发动机拉力控制飞机触水时的下沉率。

(7) 如果飞机发生严重纵摇,且离开水面,飞机速度大于正常起飞离水速度,则可以操纵飞机继续起飞。

(8) 如果发现飞机结构受损,则立即采取中断起飞操纵,操纵飞机立即停止。

(9) 如果发现飞机有沉入水中的趋势或飞机已经沉入水中,则采取水面应急离机程序应急离机。

7.3.6 水面最大可用抬头速率起飞

1) 风险源识别

(1) 飞机航向失去控制。

(2) 飞机起飞距离过长或无法起飞。

（3）一发停车起飞试验起飞后飞机爬升困难。

（4）飞机低空失速。

（5）水面起飞过程中飞机倾覆/沉入水中。

（6）机体结构受损。

2）风险原因分析

（1）飞机航向失去控制。

a. 飞机断阶滑行过程中,单侧翼尖浮筒触水,导致飞机偏航力矩过大而失去航向控制。

b. 飞机水舵卡阻,导致飞机低速滑行过程中失去航向控制。

c. 一发停车起飞试验中,偏航力矩过大导致飞机失去航向控制。

d. 一发停车起飞试验中,滚转力矩过大导致单侧翼尖浮筒触水而造成航向失去控制。

e. 单侧浮筒水密性受到破坏,导致飞机断阶滑行中单侧浮筒触水,进而导致飞机航向失去控制。

（2）飞机起飞距离过长或无法起飞。

a. 水阻力过大导致飞机无法按要求加速到起飞速度。

b. 进行一发停车起飞试验时发动机拉力过小,导致飞机起飞距离过长或无法起飞。

c. 抬头速率过大引起飞机俯仰姿态过大,飞机的尾部触水,导致飞机起飞距离过长或无法起飞。

d. 飞机水密性受到破坏,导致飞机重量增加或重心超限,进而导致飞机无法起飞。

（3）一发停车起飞试验起飞后飞机爬升困难。

a. 进行一发停车起飞试验时发动机拉力不足导致飞机起飞爬升困难。

b. 飞机起飞后迎角过大,导致飞机爬升困难。

（4）飞机低空失速。

a. 飞机快速抬头情况下,飞机迎角大于失速迎角,导致飞机低空失速。

b. 飞机快速抬头情况下,飞机起飞离水速度过小,导致飞机低空失速。

（5）水面起飞过程中飞机倾覆/沉入水中。

a. 断阶滑行过程中,操纵引起滚转角过大导致飞机翼尖浮筒触水,进而导致飞机倾覆水中。

b. 断阶滑行过程中,侧风引起滚转角过大导致飞机翼尖浮筒触水,进而导致飞机倾覆水中。

c. 一发停车起飞试验科目中,滚转力矩过大导致单侧翼尖浮筒触水,进而造成飞机倾覆水中。

d. 飞机受到突然的涌浪影响导致飞机失去稳定性而倾覆水中。

e. 飞机发生严重纵摇,导致飞机倾覆/沉入水中。

f. 飞机水密性受到破坏导致飞机重量增加或重心超限,进而导致飞机沉入水中。

(6) 机体结构受损。

a. 飞机撞击到水面漂浮物,导致机体结构受损。

b. 飞机撞击到暗礁,导致机体结构受损。

c. 飞机发生严重纵摇,导致飞机结构受损。

d. 飞机带着侧滑断阶滑行,导致单侧翼尖浮筒触水,进而造成翼尖浮筒受损。

3) 降险措施

(1) 飞机航向失去控制。

a. 试验选择在开阔水域进行。

b. 试验过程中,监控飞机起飞过程。

c. 飞机断阶滑行过程中,注意横向操纵,谨防翼尖浮筒触水。

d. 试验前对飞机水舵进行检查,保证水舵工作正常。

e. 进行一发停车起飞试验前,完成水面最小操纵速度试飞。

f. 一发停车起飞试验先缓慢收油门作为过渡架次,保证飞机航向可控后再进行停车试验。

g. 一发停车起飞试验先缓慢收油门作为过渡架次,保证飞机浮筒不会触水后再进行停车试验。

h. 试飞前对飞机浮筒进行水密性检查,保证飞机浮筒水密性良好。

(2) 飞机起飞距离过长或无法起飞。

a. 试验能见度大于 3 000 m。

b. 试飞员熟悉水面起飞和中断起飞操纵流程。

c. 进行水面起飞试飞科目前,完成飞机高速滑行试验科目,确保飞机加速性能良好。

d. 先进行全发试飞状态点试验,然后进行一发停车起飞试飞状态点试验。

e. 先进行小重量起飞试验,随后进行中等重量起飞试验,最后进行大重量起飞试验。

f. 水面最大可用速率抬头起飞采用循序渐进的方法,先进行全发试验,再进行一发停车试验。

g. 水面最大可用速率抬头起飞过渡的每一架次中,试飞工程师对飞机尾部触水状态进行评价,然后进行下一架次试飞。

h. 每一架次结束试验后,试飞工程师对起飞距离进行计算评估,保证起飞距离在可控范围内。

i. 一发停车试飞科目先进行收关键发动机到慢车(顺桨)的起飞,然后进行停车起飞试验。

j. 飞机起飞滑行过程中,严格将俯仰姿态(纵倾角)控制在预定值附近。

k. 飞机起飞拉起时,充分在过渡架次经验的基础上进行,谨防操纵量过大。

l. 试验前,地勤人员按要求对飞机机身水密性进行检查,保证机身水密性良好。

(3) 一发停车起飞试验起飞后飞机爬升困难。

a. 进行一发停车起飞试验前完成陆上一发停车起飞试验,或者完成高空一发停车爬升。

b. 进行水面最大可用速率抬头起飞试验前,完成水面起飞性能试验。

c. 试验中采用循序渐进的方法,先进行全发试验科目,再进行一发停车试验科目。

d. 一发停车试验中,先进行收慢车试验,再进行停车试验。

(4) 飞机低空失速。

a. 试飞时断开推杆器,抖杆器正常工作。

b. 试验机加装综合显示器,为试飞员显示关键参数。

c. 试验前评估试验中各试验点可能遇到的最大迎角和最小速度,谨防试验中迎角和速度超限。

d. 试验采取循序渐进的方法,先进行全发过度抬头试验,然后进行过早抬头试验,最后进行最大可用速率抬头试验。

e. 评估过渡架次中飞机起飞后飞机的速度和迎角,保证有足够的安全余量。

(5) 水面起飞过程中飞机倾覆/沉入水中。

a. 试验风速不大于 3 m/s。

b. 飞机断阶滑行过程中,注意横向操纵,谨防翼尖浮筒触水。

c. 记录飞机试飞前的风速和风向,不在侧风中起飞。

d. 一发停车起飞试验先缓慢收油门作为过渡架次,保证飞机浮筒不会触水后再进行停车试验。

e. 对试验水域的水文情况进行分析,确保试验水域无暗涌和突发大浪。

f. 控制试验水域浪高不超过 0.2 m。

g. 如果飞机发生严重纵摇,且飞机未离开水面,则立即将驾驶盘操纵至后止动位,并立即收油门到慢车,直到纵摇消失。

h. 如果飞机发生严重纵摇,且飞机离开水面,飞机速度小于正常起飞离水速度,则利用发动机拉力控制飞机触水时的下沉率。

i. 如果飞机发生严重纵摇,且飞机已经离开水面,飞机速度大于起飞离水速度,则可以操纵飞机继续起飞。

j. 试验前,地勤人员按要求对飞机机身水密性进行检查,保证机身水密性良好。

k. 试验时机上人员尽可能少。

l. 试验机加装综合显示器,为试飞员显示关键参数。

(6) 机体结构受损。

a. 试验前对试验水域漂浮物、船只、游泳者、暗礁进行检查和清理,确保试验水域满足试验条件。

b. 试验前对试验水域进行水深评估,保证试验水域的水深大于 3 m。

c. 飞机一旦发生严重纵摇,参考(5)项中 g~i 操纵飞机。

d. 飞机发生严重纵摇的架次结束试验后,工程师对飞机的主要结构部件进行检查,确保飞机结构未受损。

e. 试飞员熟悉起飞操纵流程,保证飞机起飞航向与机体纵向一致,谨防带着侧滑起飞。

f. 在试验水域设定安全救援船只,保证突发情况出现时能够及时救援。

4) 应急预案

(1) 试验过程中,一旦发现航向失去控制,则利用方向舵和差动拉力控制飞机航向。

(2) 试验过程中,如果发现飞机尾部触水,则立即采取中断起飞操纵程序操纵飞机停止。

(3) 试验过程中,一旦发生单侧浮筒触水,则利用横向操纵将机翼恢复到水平状态,并收油门到底,利用中断起飞操纵程序操纵飞机停止。

（4）试验中，如果发现飞机增速缓慢，则立即采取中断起飞操纵，使飞机停止。

（5）如果飞机发生严重纵摇，且飞机还未离开水面，则立即将驾驶盘操纵至后止动位，并立即收油门到慢车，直到纵摇消失。

（6）如果飞机发生严重纵摇，且飞机离开水面，飞机速度小于正常起飞离水速度，则利用发动机拉力控制飞机触水时的下沉率。

（7）如果飞机发生严重纵摇，且离开水面，飞机速度大于正常起飞离水速度，则可以操纵飞机继续起飞。

（8）如果发现飞机结构受到损坏，则立即采取中断起飞操纵，操纵飞机立即停止。

（9）如果发现飞机有沉入水中的趋势或飞机已经沉入水中，则采取水面应急离机程序应急离机。

7.3.7 水面低速转弯

1）风险源识别

（1）飞机航向失去控制。

（2）飞机倾覆/沉入水中。

（3）机体结构受损。

2）风险原因分析

（1）飞机航向失去控制。

a. 飞机水舵卡阻，导致飞机低速滑行过程中失去航向控制。

b. 差动拉力转弯时，发动机拉力大小把握不当导致偏航力矩过大，进而导致飞机失去航向控制。

c. 飞机转弯时差动拉力过大，引起飞机滚转力矩过大，导致飞机单侧浮筒浸入水中过多，进而导致飞机失去航向控制。

d. 侧风引起飞机滚转力矩过大，导致飞机单侧浮筒入水过多，进而导致飞机航向失去控制。

（2）飞机倾覆/沉入水中。

a. 飞机转弯时差动拉力过大，飞机滚转力矩过大，导致飞机单侧浮筒浸入水中过多，飞机翼尖触水，最终导致飞机倾覆水中。

b. 飞机受到突然的涌浪影响导致飞机失去稳定性而倾覆水中。

c. 飞机水密性受到破坏导致飞机重量增加或重心超限，进而导致飞机沉入水中。

（3）机体结构受损。

a. 飞机撞击到水面漂浮物，导致机体结构受损。

b. 飞机撞击到暗礁，导致机体结构受损。

3）降险措施

（1）飞机航向失去控制。

a. 试验前检查水舵功能，确保水舵工作正常。

b. 进行水面低速转弯试验前，完成试验机低速滑行试验和水舵功能小幅偏转功能检查试验。

c. 进行水面低速转弯试验前，完成发动机不对称拉力水面滑行试验，了解不对称拉力对水上飞机的影响。

d. 水面低速转弯试验过程中，注意翼尖浮筒入水情况，如果发现单侧浮筒全部进入水中，则立即停止试验。

e. 严格控制试验过程中的风速，确保风速小于 3 m/s。

（2）飞机倾覆/沉入水中。

a. 对试验水域的水文情况进行分析，确认试验水域无暗涌和突发大浪。

b. 控制试验水域浪高不超过 0.2 m。

c. 试验前，地勤人员按要求对飞机机身水密性进行检查，保证机身水密性良好。

（3）机体结构受损。

a. 试验前对试验水域漂浮物、船只、游泳者、暗礁进行检查和清理，确保试验水域满足试验条件。

b. 试验前对试验水域进行水深评估，保证试验水域的水深大于 3 m。

c. 在试验水域设定安全救援船只，保证突发情况出现时能够及时救援。

4）应急预案

（1）试验过程中，一旦发现航向失去控制，则利用方向舵和差动拉力控制飞机航向。

（2）水面低速转弯试验过程中，注意翼尖浮筒入水情况，如果发现单侧浮筒全部进入水中，则立即停止试验。

（3）如果发现飞机结构受损，则立即采取中断起飞操纵，操纵飞机立即停止。

（4）如果发现飞机有沉入水中的趋势或飞机已经沉入水中，则采取水面应急离机程序应急离机。

7.3.8 水面高速转弯

1) 风险源识别

（1）飞机航向失去控制。

（2）飞机滑行距离过长。

（3）飞机倾覆/沉入水中。

（4）机体结构受损。

2) 风险原因分析

（1）飞机航向失去控制。

a. 飞机断阶滑行过程中横向操纵量过大，单侧翼尖浮筒触水，导致飞机偏航力矩过大而失去航向控制。

b. 飞机水舵卡阻，导致飞机低速滑行过程中失去航向控制。

c. 单侧浮筒水密性受到破坏，导致飞机断阶滑行中单侧浮筒触水，进而导致飞机航向失去控制。

（2）飞机滑行距离过长。

a. 每次滑行中试验点设定过多，导致飞机滑行距离过长。

b. 飞机水密性受到破坏，导致飞机重量增加或重心超限，进而导致滑行距离过长。

（3）飞机倾覆/沉入水中。

a. 断阶滑行过程中，操纵引起滚转角过大导致飞机翼尖浮筒触水，进而导致飞机倾覆水中。

b. 断阶滑行过程中，侧风引起滚转角过大导致飞机翼尖浮筒触水，进而导致飞机倾覆水中。

c. 飞机受到突然的涌浪影响导致飞机失去稳定性而倾覆水中。

d. 飞机发生严重纵摇，导致飞机倾覆/沉入水中。

e. 飞机水密性受到破坏导致飞机重量增加或重心超限，进而导致飞机沉入水中。

（4）机体结构受损。

a. 飞机撞击到水面漂浮物，导致机体结构受损。

b. 飞机撞击到暗礁，导致机体结构受损。

c. 飞机发生严重纵摇，导致飞机结构受损。

d. 飞机带着侧滑断阶滑行，导致单侧翼尖浮筒触水，进而造成翼尖浮筒受损。

3）降险措施

（1）飞机航向失去控制。

a. 试验选择在开阔水域进行。

b. 试验过程中，监控飞机滑行过程。

c. 飞机断阶滑行过程中，注意横向操纵，谨防翼尖浮筒触水。

d. 试验前对飞机水舵进行检查，保证水舵工作正常。

e. 试飞前对飞机浮筒进行水密性检查，保证飞机浮筒水密性良好。

（2）飞机滑行距离过长。

a. 试验能见度大于 3 000 m。

b. 试飞员熟悉水面起飞和加速—停止（中断起飞）操纵流程。

c. 进行水面高速转弯试飞进行前，完成飞机高速滑行试验科目，确保飞机加速性能良好。

d. 先进行小重量加速—停止试验，随后进行中等重量加速—停止试验，最后进行大重量加速—停止试验。

e. 每一架次结束试验后，试飞工程师对水面滑行距离进行计算评估，保证滑行距离在可控范围内。

f. 在试验过程中，严格将俯仰姿态（纵倾角）控制在各速度点的推荐值附近。

g. 试验前，地勤人员按要求对飞机机身水密性进行检查，保证机身水密性良好。

h. 试验时机上人员尽可能少。

i. 试验机加装综合显示器，为试飞员显示关键参数。

（3）飞机倾覆/沉入水中。

a. 试验风速不大于 3 m/s。

b. 飞机断阶滑行过程中，注意横向操纵，谨防翼尖浮筒触水。

c. 记录飞机试飞前的风速和风向，不在侧风中进行试验。

d. 对试验水域的水文情况进行分析，确认试验水域无暗涌和突发大浪。

e. 控制试验水域浪高不超过 0.2 m。

f. 采用循序渐进的方法，先进行小转弯操纵，逐渐增大转弯目标值。

g. 采用循序渐进的方法，先进行较低速度转弯试验，然后完成较高速度转弯试验。

h. 如果飞机进入严重纵摇，且飞机未离开水面，则立即将驾驶盘操纵至后止动位，并立即收油门到慢车，直到纵摇消失。

i. 如果飞机发生严重纵摇，且飞机离开水面，飞机速度小于正常起飞离水速度，则利用发动机拉力控制飞机触水时的下沉率。

j. 如果飞机发生严重纵摇，且飞机已经离开水面，飞机速度大于正常起飞离水速度，则可以操纵飞机继续起飞。

k. 试验前，地勤人员按要求对飞机机身水密性进行检查，保证机身水密性良好。

（4）机体结构受损。

a. 试验前对试验水域漂浮物、船只、游泳者、暗礁进行检查和清理，确保试验水域满足试验条件。

b. 试验前对试验水域进行水深评估，保证试验水域的水深大于 3 m。

c. 飞机一旦发生严重纵摇，参考（3）项中 h～j 操纵飞机。

d. 飞机发生严重纵摇的架次结束试验后，工程师对飞机的主要结构部件进行检查，确保飞机结构未受损。

e. 试飞员熟悉加速—停止操纵流程，保证在进行高速转弯机动前飞机航向与机体纵向一致，谨防带着侧滑。

f. 在试验水域设定安全救援船只，保证突发情况出现时能够及时救援。

4）应急预案

（1）试验过程中，一旦发现航向失去控制，则利用方向舵和差动拉力控制飞机航向。

（2）试验过程中，一旦发生单侧浮筒触水，则利用横向操纵将机翼恢复到水平状态，并收油门到底，利用中断起飞操纵程序操纵飞机停止。

（3）试验中，如果发现飞机增速缓慢，则立即采取中断加速—停止操纵，使飞机停止。

（4）如果飞机发生严重纵摇，且飞机未离开水面，则立即将驾驶盘操纵至后止动位，并立即收油门到慢车，直到纵摇消失。

（5）如果飞机发生严重纵摇，且飞机离开水面，飞机速度小于正常起飞离水速度，则利用发动机拉力控制飞机触水时的下沉率。

（6）如果飞机发生严重纵摇，且飞机已经离开水面，飞机速度大于正常起飞离水速度，则可以操纵飞机继续起飞。

（7）如果发现飞机结构受损，则立即采取中断起飞操纵，操纵飞机立即停止。

（8）如果发现飞机有沉入水中的趋势或飞机已经沉入水中，则采取水面应急离机程序应急离机。

7.3.9　水面最小操纵速度

1）风险源识别

（1）飞机航向失去控制。

（2）飞机起飞距离过长或无法起飞。

（3）一发停车起飞试验起飞后飞机爬升困难。

（4）水面起飞过程中飞机倾覆/沉入水中。

（5）机体结构受损。

2）风险原因分析

（1）飞机航向失去控制。

a. 飞机断阶滑行过程中，单侧翼尖浮筒触水，导致飞机偏航力矩过大而失去航向控制。

b. 飞机水舵卡阻，导致飞机低速滑行过程中失去航向控制。

c. 一发停车速度设定不合理，导致偏航力矩过大，进而导致飞机失去航向控制。

d. 单侧浮筒水密性受到破坏，导致飞机在断阶滑行中单侧浮筒触水，进而导致飞机航向失去控制。

（2）飞机起飞距离过长或无法起飞。

a. 水阻力过大导致飞机无法按要求加速到起飞速度。

b. 一发停车后，发动机拉力过小，无法完成起飞。

c. 飞机水密性受到破坏，导致飞机重量增加或重心超限，进而导致飞机无法起飞。

（3）一发停车起飞试验起飞后飞机爬升困难。

a. 进行一发停车起飞试验时发动机拉力不足导致飞机起飞爬升困难。

b. 发动机停车带来侧滑，导致飞机的阻力增加。

（4）水面起飞过程中飞机倾覆/沉入水中。

a. 断阶滑行过程中，操纵引起滚转角过大导致飞机翼尖浮筒触水，进而导致飞机倾覆水中。

b. 断阶滑行过程中,侧风引起滚转角过大导致飞机翼尖浮筒触水,进而导致飞机倾覆水中。

c. 发动机停车引起滚转力矩过大导致单侧翼尖浮筒触水,进而造成飞机倾覆水中。

d. 飞机受到突然的涌浪影响导致飞机失去稳定性而倾覆水中。

e. 飞机发生严重纵摇,导致飞机倾覆/沉入水中。

f. 飞机水密性受到破坏导致飞机重量增加或重心超限,进而导致飞机沉入水中。

(5) 机体结构受损。

a. 飞机撞击到水面漂浮物,导致机体结构受损。

b. 飞机撞击到暗礁,导致机体结构受损。

c. 飞机发生严重纵摇,导致飞机结构受损。

d. 飞机带着侧滑断阶滑行,导致单侧翼尖浮筒触水,进而造成翼尖浮筒受损。

3) 降险措施

(1) 飞机航向失去控制。

a. 试验选择在开阔水域进行。

b. 地面监控试验过程。

c. 飞机断阶滑行过程中,注意横向操纵,谨防翼尖浮筒触水。

d. 试验前对飞机水舵进行检查,保证水舵工作正常。

e. 操纵发动机停车速度点由高到低,逐步逼近实际水面最小操纵速度。

f. 先缓慢收油门作为过渡架次,保证飞机航向可控后再进行停车试验。

g. 先缓慢收油门作为过渡架次,保证飞机浮筒不会触水后再进行停车试验。

h. 试飞前对飞机浮筒进行水密性检查,保证飞机浮筒水密性良好。

(2) 飞机起飞距离过长或无法起飞。

a. 试验能见度大于 3 000 m。

b. 试飞员熟悉水面起飞和中断起飞操纵流程。

c. 试飞科目进行前,进行一发停车水面起飞试验和高速滑行水面试验,确保飞机水面加速性能良好。

d. 先进行收关键发动机到慢车(顺桨)的起飞,再进行停车起飞试验。

e. 飞机起飞过程中,严格将俯仰姿态(纵倾角)控制在各速度点的推荐值附近,并严格执行起飞拉起操纵程序,谨防操纵量过大。

f. 试验前,地勤人员按要求对飞机机身水密性进行检查,保证机身水密性良好。

（3）一发停车起飞试验起飞后飞机爬升困难。

a. 进行一发停车起飞试验前完成陆上一发停车起飞试验,或者完成高空一发停车爬升。

b. 试验中采用循序渐进的方法,先收慢车,再进行停车试验。

（4）水面起飞过程中飞机倾覆/沉入水中。

a. 试验风速不大于 3 m/s。

b. 飞机断阶滑行过程中,注意横向操纵,谨防翼尖浮筒触水。

c. 记录飞机试飞前的风速和风向,不在侧风中起飞。

d. 采用先缓慢收油门作为过渡架次,保证飞机浮筒不会触水后再进行停车试验。

e. 对试验水域的水文情况进行分析,确认试验水域无暗涌和突发大浪。

f. 控制试验水域浪高不超过 0.2 m。

g. 如果飞机发生严重纵摇,且飞机未离开水面,则立即将驾驶盘操纵至后止动位,并立即收油门到慢车,直到纵摇消失。

h. 如果飞机发生严重纵摇,且飞机离开水面,飞机速度小于正常起飞离水速度,则利用发动机拉力控制飞机触水时的下沉率。

i. 如果飞机发生严重纵摇,且飞机已经离开水面,飞机速度大于起飞离水速度,则可以操纵飞机继续起飞。

j. 试验前,地勤人员按要求对飞机机身水密性进行检查,保证机身水密性良好。

k. 试验时机上人员尽可能少。

l. 试验机加装综合显示器,为试飞员显示关键参数。

（5）机体结构受损。

a. 试验前对试验水域漂浮物、船只、游泳者、暗礁进行检查和清理,确保试验水域满足试验条件。

b. 试验前对试验水域进行水深评估,保证试验水域的水深大于 3 m。

c. 飞机一旦发生严重纵摇,参考（4）项中 g～i 操纵飞机。

d. 飞机发生严重纵摇的架次结束试验后,工程师对飞机的主要结构部件进行检查,确保飞机结构未受损。

e. 试飞员熟悉起飞操纵流程,保证飞机起飞航向与机体纵向一致,谨防带着侧滑起飞。

f. 在试验水域设定安全救援船只,保证突发情况出现时能够及时救援。

4) 应急预案

(1) 试验过程中,一旦发现航向失去控制,则利用方向舵和差动拉力控制飞机航向。

(2) 试验过程中,如果发现飞机尾部触水,则立即采取中断起飞操纵程序操纵飞机停止。

(3) 试验过程中,一旦发生单侧浮筒触水,则利用横向操纵将机翼恢复到水平状态,并收油门到底,利用中断起飞操纵程序操纵飞机停止。

(4) 试验中,如果发现飞机增速缓慢,则立即采取中断起飞操纵,使飞机停止。

(5) 如果飞机发生严重纵摇,且飞机还未离开水面,则立即将驾驶盘操纵至后止动位,并立即收油门到慢车,直到纵摇消失。

(6) 如果飞机发生严重纵摇,且飞机离开水面,飞机速度小于正常起飞离水速度,则利用发动机拉力控制飞机触水时的下沉率。

(7) 如果飞机发生严重纵摇,且离开水面,飞机速度大于正常起飞离水速度,则可以操纵飞机继续起飞。

(8) 如果发现飞机结构受到损坏,则立即采取中断起飞操纵,操纵飞机立即停止。

(9) 如果发现飞机有沉入水中的趋势或飞机已经沉入水中,则采取水面应急离机程序应急离机。

7.3.10 水面大侧风起飞

1) 风险源识别

(1) 飞机航向失去控制。

(2) 水面起飞过程中飞机倾覆/沉入水中。

(3) 机体结构受损。

2) 风险原因分析

(1) 飞机航向失去控制。

a. 飞机断阶滑行过程中,单侧翼尖浮筒触水,导致飞机偏航力矩过大而失去航向控制。

b. 飞机水舵卡阻,导致飞机低速滑行过程中失去航向控制。

c. 侧风导致飞机在水面滑行和近地段航向偏离预定值。

d. 侧风引起飞机滚转,导致飞机单侧浮筒触水,进而导致飞机航向失去控制。

e. 单侧浮筒水密性受到破坏,导致飞机断阶滑行中单侧浮筒触水,进而导致飞机航向失去控制。

(2) 水面起飞过程中飞机倾覆/沉入水中。

a. 断阶滑行过程中,操纵引起滚转角过大导致飞机翼尖浮筒触水,进而导致飞机倾覆水中。

b. 断阶滑行过程中,侧风引起滚转角过大导致飞机翼尖浮筒触水,进而导致飞机倾覆水中。

c. 飞机受到突然的涌浪影响导致飞机失去稳定性而倾覆水中。

d. 飞机发生严重纵摇,导致飞机倾覆/沉入水中。

e. 飞机水密性受到破坏导致飞机重量增加或重心超限,进而导致飞机沉入水中。

(3) 机体结构受损。

a. 飞机撞击到水面漂浮物,导致机体结构受损。

b. 飞机撞击到暗礁,导致机体结构受损。

c. 飞机发生严重纵摇,导致飞机结构受损。

d. 飞机带着侧滑断阶滑行,导致单侧翼尖浮筒触水,进而造成翼尖浮筒受到损坏。

3) 降险措施

(1) 飞机航向失去控制。

a. 试验能见度大于 3 000 m。

b. 试验选择在开阔水域和开阔空域进行。

c. 严格控制试验时的风速,确保风速在安全范围内。

d. 监控飞机起飞过程。

e. 试验前对飞机的抗侧风能力进行分析。

f. 水面大侧风起飞试验前,完成地面大侧风起飞试验。

g. 飞机离水后,尽量保持飞机航线与预定航线一致。

h. 飞机断阶滑行过程中,注意横向操纵,谨防翼尖浮筒触水。

i. 试验前对飞机水舵进行检查,保证水舵工作正常。

j. 试飞前对飞机浮筒进行水密性检查,保证飞机浮筒水密性良好。

(2) 水面起飞过程中飞机倾覆/沉入水中。

a. 水面大侧风起飞前完成水面正常起飞试验。

b. 飞机断阶滑行过程中,注意横向操纵,保持滚转角在一定的范围内,谨防翼尖浮筒触水。

c. 试验采用循序渐进的方法,先进行中等大小的侧风试验,再进行大侧风试验。

d. 对试验水域的水文情况进行分析,确认试验水域无暗涌和突发大浪。

e. 控制试验水域浪高在安全范围内。

f. 如果飞机发生严重纵摇,且飞机未离开水面,则立即将驾驶盘操纵至后止动位,并立即收油门到慢车,直到纵摇消失。

g. 如果飞机发生严重纵摇,且飞机离开水面,飞机速度小于正常起飞离水速度,则利用发动机拉力控制触水时的下沉率。

h. 如果飞机发生严重纵摇,且飞机已经离开水面,飞机速度大于起飞离水速度,则可以操纵飞机继续起飞。

i. 试验前,地勤人员按要求对飞机机身水密性进行检查,保证机身水密性良好。

j. 试验时机上人员尽可能少。

k. 试验机加装综合显示器,为试飞员显示关键参数。

(3) 机体结构受损。

a. 试验前对试验水域漂浮物、船只、游泳者、暗礁进行检查和清理,确保试验水域满足试验条件。

b. 试验前对试验水域进行水深评估,保证试验水域的水深大于 3 m。

c. 飞机一旦发生严重纵摇,参考(2)项中 f~h 操纵飞机。

d. 飞机发生严重纵摇的架次结束试验后,工程师对飞机的主要结构部件进行检查,确保飞机结构未受损。

e. 在试验水域设定安全救援船只,保证突发情况出现时能够及时救援。

4) 应急预案

(1) 试验过程中,一旦发现航向失去控制,则利用方向舵和差动拉力控制飞机航向。

(2) 试验过程中,如果发现飞机尾部触水,则立即采取中断起飞操纵程序操纵飞机停止。

（3）试验过程中，一旦发生单侧浮筒触水，则利用横向操纵将机翼恢复到水平状态，并收油门到底，利用中断起飞操纵程序操纵飞机停止。

（4）试验中，如果发现飞机增速缓慢，则立即采取中断起飞操纵，使飞机停止。

（5）如果飞机发生严重纵摇，且飞机还未离开水面，则立即将驾驶盘操纵至后止动位，并立即收油门到慢车，直到纵摇消失。

（6）如果飞机发生严重纵摇，且飞机离开水面，飞机速度小于正常起飞离水速度，则利用发动机拉力控制飞机触水时的下沉率。

（7）如果飞机发生严重纵摇，且离开水面，飞机速度大于正常起飞离水速度，则可以操纵飞机继续起飞。

（8）如果发现飞机结构受损，则立即采取中断起飞操纵，操纵飞机立即停止。

（9）如果发现飞机有沉入水中的趋势或飞机已经沉入水中，则采取水面应急离机程序应急离机。

7.3.11　大侧风着水

1）风险源识别

（1）飞机航向失去控制。

（2）着水过程中飞机倾覆/沉入水中。

（3）机体结构受损。

2）风险原因分析

（1）飞机航向失去控制。

a. 飞机在触水瞬间，横向操纵不合理，引起翼尖浮筒触水，导致飞机航向失去控制。

b. 飞机着水后滑行过程中，横向操纵引起单侧翼尖浮筒触水，导致飞机偏航力矩过大而失去航向控制。

c. 飞机水舵卡阻，导致飞机低速滑行过程中失去航向控制。

d. 侧风导致飞机在近地段航向偏离预定值。

e. 侧风引起着水飞机滚转，导致飞机单侧浮筒触水，进而导致飞机航向失去控制。

f. 单侧浮筒水密性受到破坏，导致飞机断阶滑行中单侧浮筒触水，进而导致飞机航向失去控制。

（2）着水过程中飞机倾覆/沉入水中。

a. 飞机在触水瞬间，横向操纵不合理，引起翼尖浮筒触水，导致飞机倾覆水中。

b. 侧风引起着水飞机滚转，导致飞机单侧浮筒触水，进而导致飞机倾覆水中。

c. 飞机拉平高度过高，导致飞机在触水时急剧低头，进而导致飞机直接沉入水中。

d. 飞机触水俯仰姿态过大，导致飞机在水面跳跃而失去稳定性，进而导致飞机倾覆水中。

e. 飞机触水俯仰姿态过小，直接导致飞机倾覆水中。

f. 飞机触水时，遇到涌浪失去稳定性，进而倾覆水中。

g. 飞机触水后发生严重纵摇，导致飞机倾覆/沉入水中。

h. 飞机水密性受到破坏导致飞机重量增加或重心超限，进而导致飞机沉入水中。

（3）机体结构受损。

a. 飞机撞击到水面漂浮物，导致机体结构受损。

b. 飞机撞击到暗礁，导致机体结构受损。

c. 飞机发生严重纵摇，导致飞机结构受损。

d. 飞机带着侧滑断阶滑行，导致单侧翼尖浮筒触水，进而造成翼尖浮筒受损。

3）降险措施

（1）飞机航向失去控制。

a. 试验能见度大于 3 000 m。

b. 试验选择在开阔水域和开阔空域进行。

c. 严格控制试验时的风速，确保风速在安全范围内。

d. 监控飞机着水过程。

e. 试验前对飞机的抗侧风能力进行分析。

f. 水面大侧风着水试验前，完成地面大侧风着陆试验。

g. 进场过程中，尽量保持飞机航线与预定航线一致。

h. 试飞员熟悉偏航修正法和侧滑修正法着水驾驶技术。

i. 进场过程中，如果发现操纵困难，应立即停止着水，并在陆上机场备降。

j. 飞机着水后滑行过程中，注意横向操纵，谨防翼尖浮筒触水。

k. 试验前对飞机水舵进行检查，保证水舵工作正常。

l. 试飞前对飞机浮筒进行水密性检查,保证飞机浮筒水密性良好。

(2) 着水过程中飞机倾覆/沉入水中。

a. 大侧风着水前完成水面正常着水试验。

b. 飞机着水前,试飞员利用水面波纹特征、岸边树木、风袋等判断风向。

c. 飞机着水后滑行过程中,注意横向操纵,保持滚转角在一定的范围内,谨防翼尖浮筒触水。

d. 试验采用循序渐进的方法,先进行中等大小的侧风试验,再进行大侧风试验。

e. 对试验水域的水文情况进行分析,确保试验水域无暗涌和突发大浪。

f. 控制试验水域浪高在安全范围内。

g. 如果飞机出现严重跳跃,则在飞机再次触水前,利用发动机拉力控制飞机下沉率,谨防下沉率过大。

h. 如果飞机发生严重纵摇,且飞机未离开水面,则立即将驾驶盘操纵至后止动位,并立即收油门到慢车,直到纵摇消失。

i. 如果飞机发生严重纵摇,且飞机离开水面,飞机速度小于正常起飞离水速度,则利用发动机拉力控制飞机触水时的下沉率。

j. 如果飞机发生严重纵摇,且飞机已经离开水面,飞机速度大于起飞离水速度,则可以操纵飞机继续起飞。

k. 试验前,地勤人员按要求对飞机机身水密性进行检查,保证机身水密性良好。

l. 试验时机上人员尽可能少。

m. 试验机加装综合显示器,为试飞员显示关键参数。

(3) 机体结构受损。

a. 试验前对试验水域漂浮物、船只、游泳者、暗礁进行检查和清理,确保试验水域满足试验条件。

b. 试验前对试验水域进行水深评估,保证试验水域的水深大于 3 m。

c. 飞机一旦发生严重纵摇,参考(2)项中 h~j 操纵飞机。

d. 飞机发生严重跳跃或严重纵摇的架次结束试验后,工程师对飞机的主要结构部件进行检查,确保飞机结构未受损。

e. 在试验水域设定安全救援船只,保证突发情况出现时能够及时救援。

4) 应急预案

(1) 试验过程中,一旦发现航向失去控制,则利用方向舵和差动拉力控制飞机航向。

（2）试验过程中，一旦发生单侧浮筒触水，则利用横向操纵将机翼恢复到水平状态。

（3）飞机在进场时，如果发现操纵困难，应立即停止着水过程，在陆上机场备降。

（4）如果飞机发生严重纵摇，且飞机还未离开水面，则立即将驾驶盘操纵至后止动位，并立即收油门到慢车，直到纵摇消失。

（5）如果飞机发生严重纵摇，且飞机离开水面，飞机速度小于正常起飞离水速度，则利用发动机拉力控制飞机触水时的下沉率。

（6）如果飞机发生严重纵摇，且离开水面，飞机速度大于正常起飞离水速度，则可以操纵飞机继续起飞。

（7）如果发现飞机有沉入水中的趋势或飞机已经沉入水中，则采取水面应急离机程序应急离机。

7.3.12　镜面水着水

1）风险源识别

（1）飞机航向失去控制。

（2）飞机倾覆/沉入水中。

（3）机体结构受损。

2）风险原因分析

（1）飞机航向失去控制。

a. 飞机触水后，单侧翼尖浮筒触水，导致飞机偏航力矩过大而失去航向控制。

b. 飞机水舵卡阻，导致飞机在低速滑行过程中失去航向控制。

c. 单侧浮筒水密性受到破坏，导致飞机触水后单侧浮筒触水，进而导致飞机航向失去控制。

（2）飞机倾覆/沉入水中。

a. 飞机拉平高度过高，导致飞机在触水时急剧低头，进而导致飞机直接沉入水中。

b. 飞机高度判断错误，造成飞机触水前未拉平，导致飞机直接沉入水中。

c. 飞机触水速度过大，导致飞机在水面跳跃而失去稳定性，进而导致飞机倾覆水中。

　　d. 飞机触水俯仰姿态过大,导致飞机在水面跳跃而失去稳定性,进而导致飞机倾覆水中。

　　e. 飞机触水俯仰姿态过小,直接导致飞机倾覆水中。

　　f. 飞机触水时,遇到涌浪失去稳定性,进而倾覆水中。

　　g. 飞机触水后发生到严重纵摇,导致飞机倾覆/沉入水中。

　　h. 飞机水密性受到破坏导致飞机重量增加或重心超限,进而导致飞机沉入水中。

　　(3) 机体结构受损。

　　a. 飞机触水后撞击到水面漂浮物,导致机体结构受损。

　　b. 飞机触水后撞击到暗礁,导致机体结构受损。

　　c. 飞机触水后发生严重纵摇,导致飞机结构受损。

　　d. 飞机触水后,着水姿态和速度不合理,导致飞机在水面跳跃,进而导致机体结构受损。

　　e. 飞机带着侧滑着水,导致单侧翼尖浮筒触水,进而造成翼尖浮筒受损。

　　3) 降险措施

　　(1) 飞机航向失去控制。

　　a. 试验选择在开阔水域进行。

　　b. 监控飞机着水过程。

　　c. 本试验在正常着水性能之后进行。

　　d. 飞机触水后,注意横向操纵,谨防翼尖浮筒触水。

　　e. 试验前对飞机水舵进行检查,保证水舵工作正常。

　　f. 试飞前对飞机浮筒进行水密性检查,保证飞机浮筒水密性良好。

　　(2) 飞机倾覆/沉入水中。

　　a. 试验能见度大于 3 000 m。

　　b. 试飞员熟悉着水操纵流程。

　　c. 飞机采用小下滑角,远距离进场下滑。

　　d. 机长采用目视着水时,利用水面附近建筑物初步判断飞机高度,以防止受到水面倒影的迷惑,副驾驶监控飞机的几何高度(无线电高度),并及时向机长汇报。

　　e. 操纵飞机着水过程中,严格按照着水操纵流程控制飞机的着水速度和着水姿态,谨防着水速度过大和着水姿态过大或过小。

f. 试验前,地勤人员按要求对飞机机身水密性进行检查,保证机身水密性良好。

(3) 机体结构受损。

a. 试验风速不大于 3 m/s。

b. 保证飞机不在侧风中着水和不带侧滑着水。

c. 试验前对试验水域漂浮物、船只、游泳者、暗礁进行检查和清理,确保试验水域满足试验条件。

d. 试验前对试验水域进行水深评估,保证试验水域的水深大于 3 m。

e. 如果飞机发生严重纵摇,且飞机未离开水面,则立即将驾驶盘操纵至后止动位,并立即收油门到慢车,直到纵摇消失。

f. 如果飞机发生严重纵摇,且飞机离开水面,则利用发动机拉力控制飞机再次触水时的下沉率。

g. 操纵飞机着水过程中,严格按照着水操纵流程控制飞机的着水速度和着水姿态,谨防着水速度过大和着水姿态过大或过小。

h. 飞机出现严重跳跃或严重纵摇的架次结束试验后,工程师对飞机的主要结构部件进行检查,确保飞机结构未受损。

i. 在试验水域设定安全救援船只,保证突发情况出现时能够及时救援。

j. 试验时机上人员尽可能少。

k. 试验机加装综合显示器,为试飞员显示关键参数。

4) 应急预案

(1) 试验过程中,一旦发现航向失去控制,则利用方向舵和差动拉力控制飞机航向。

(2) 试验过程中,一旦发生单侧浮筒触水,则利用横向操纵将机翼恢复到水平状态。

(3) 如果着水过程中产生跳跃现象,则需利用发动机拉力控制飞机再次着水时下沉率,谨防着水速率过大。

(4) 如果飞机发生严重纵摇,且飞机还未离开水面,则立即将驾驶盘操纵至后止动位,并立即收油门到慢车,直到纵摇消失。

(5) 如果飞机发生严重纵摇,且飞机离开水面,则利用发动机拉力控制飞机再次触水时的下沉率。

(6) 如果发现飞机有沉入水中的趋势或飞机已经沉入水中,则采取水面应急离机程序应急离机。

7.3.13　着水跳跃

1) 风险源识别

(1) 飞机航向失去控制。

(2) 飞机冲出着水区域。

(3) 飞机倾覆/沉入水中。

(4) 机体结构受损。

2) 风险原因分析

(1) 飞机航向失去控制。

a. 飞机触水后,单侧翼尖浮筒触水,导致飞机偏航力矩过大而失去航向控制。

b. 飞机水舵卡阻,导致飞机低速滑行过程中失去航向控制。

c. 单侧浮筒水密性受到破坏,导致飞机触水后单侧浮筒触水,进而导致飞机航向失去控制。

(2) 飞机冲出着水区域。

a. 飞机进场速度过大,导致飞机拉飘时间过长,进而导致飞机冲出着水区域。

b. 飞机出现水面跳跃后,再次控制着水导致飞机着水距离过长。

(3) 飞机倾覆/沉入水中。

a. 飞机触水速度过大,导致飞机在水面跳跃而失去稳定性,进而导致飞机倾覆水中。

b. 飞机触水俯仰姿态过大,导致飞机在水面跳跃而失去稳定性,进而导致飞机倾覆水中。

c. 飞机触水俯仰姿态过小,直接导致飞机倾覆水中。

d. 飞机触水时,遇到涌浪失去稳定性,进而倾覆水中。

e. 飞机触水后发生严重纵摇,导致飞机倾覆/沉入水中。

f. 飞机水密性受到破坏导致飞机重量增加或重心超限,进而导致飞机沉入水中。

(4) 机体结构受损。

a. 飞机触水后撞击到水面漂浮物,导致机体结构受损。

b. 飞机触水后撞击到暗礁,导致机体结构受损。

c. 飞机触水后发生严重纵摇,导致飞机结构受损。

d. 飞机触水后,着水姿态和速度不合理,导致飞机在水面跳跃,进而导致机体结构受损。

e. 飞机带着侧滑着水,导致单侧翼尖浮筒触水,进而造成翼尖浮筒受损。

3) 降险措施

(1) 飞机航向失去控制。

a. 试验选择在开阔水域进行。

b. 监控飞机着水过程。

c. 本试验在正常着水性能之后进行。

d. 飞机触水后,注意横向操纵,谨防翼尖浮筒触水。

e. 试验前对飞机水舵进行检查,保证水舵工作正常。

f. 试飞前对飞机浮筒进行水密性检查,保证飞机浮筒水密性良好。

(2) 飞机冲出着水区域。

a. 试飞员熟悉着水区域大小,选择合理的进场位置。

b. 采用循序渐进的方法,逐渐增加试验进场速度,保证速度增量引起的着水距离增量可控。

c. 如果试飞员发现着水困难或者拉飘距离过长,则可选择复飞。

d. 飞机出现严重着水跳跃后,如果速度大于正常接水连续起飞速度,则选择连续起飞。

(3) 飞机倾覆/沉入水中。

a. 试验能见度大于 3 000 m。

b. 试飞员熟悉着水操纵流程和着水连续起飞流程。

c. 采用循序渐进的方法,逐渐逼近最容易出现跳跃的进场速度和着水俯仰姿态。

d. 如果过渡架次中出现跳跃迹象,则缩短下一架次中进场速度和着水姿态的组合步长。

e. 如果飞机出现严重跳跃,则在飞机再次触水前,利用发动机拉力控制飞机下沉率,谨防下沉率过大。

f. 操纵飞机在着水过程中,严格按照预定计划控制飞机的着水速度和着水姿态,谨防着水速度和着水姿态偏离预定值。

g. 如果飞机发生严重纵摇,且飞机未离开水面,则立即将驾驶盘操纵至后止动位,并立即收油门到慢车,直到纵摇消失。

h. 如果飞机发生严重纵摇,且飞机离开水面,则利用发动机拉力控制飞机再次触水时的下沉率。

i. 飞机出现严重跳跃或严重纵摇的架次结束试验后,工程师对飞机的主要结构部件进行检查,确保飞机结构未受损。

j. 试验前,地勤人员按要求对飞机机身水密性进行检查,保证机身水密性良好。

(4) 机体结构受损。

a. 试验风速不大于 3 m/s。

b. 保证飞机不在侧风中着水和不带侧滑着水。

c. 试验前对试验水域漂浮物、船只、游泳者、暗礁进行检查和清理,确保试验水域满足试验条件。

d. 试验前对试验水域进行水深评估,保证试验水域的水深大于 3 m。

e. 飞机一旦发生严重纵摇,参考(3)项中 g~h 操纵飞机。

f. 飞机出现严重跳跃或严重纵摇的架次结束试验后,工程师对飞机的主要结构部件进行检查,确保飞机结构未受损。

g. 在试验水域设定安全救援船只,保证突发情况出现时能够及时救援。

h. 试验时机上人员尽可能少。

i. 试验机加装综合显示器,为试飞员显示关键参数。

4) 应急预案

(1) 试验过程中,一旦发现航向失去控制,则利用方向舵和差动拉力控制飞机航向。

(2) 试验过程中,一旦发生单侧浮筒触水,则利用横向操纵将机翼恢复到水平状态。

(3) 如果飞机出现严重跳跃,则在飞机再次触水前,利用发动机拉力控制飞机下沉率,谨防下沉率过大。

(4) 如果着水过程中产生跳跃现象,则需利用发动机拉力控制飞机再次着水时下沉率,谨防着水速率过大。

(5) 如果飞机发生严重纵摇,且飞机还未离开水面,则立即将驾驶盘操纵至后止动位,并立即收油门到慢车,直到纵摇消失。

(6) 如果飞机发生严重纵摇,且飞机离开水面,则利用发动机拉力控制飞机再次触水时的下沉率。

(7) 如果发现飞机有沉入水中的趋势或飞机已经沉入水中,则采取水面应急离机程序应急离机。

7.3.14　纵摇边界

1) 风险源识别

(1) 飞机航向失去控制。

(2) 飞机滑行距离过长。

(3) 飞机倾覆/沉入水中。

(4) 机体结构受损。

2) 风险原因分析

(1) 飞机航向失去控制。

a. 飞机断阶滑行过程中,单侧翼尖浮筒触水,导致飞机偏航力矩过大而失去航向控制。

b. 飞机水舵卡阻,导致飞机低速滑行过程中失去航向控制。

c. 单侧浮筒水密性受到破坏,导致飞机断阶滑行中单侧浮筒触水,进而导致飞机航向失去控制。

(2) 飞机滑行距离过长。

a. 水阻力过大导致飞机无法按要求加速到预定速度。

b. 纵摇试飞采用非最大油门导致飞机滑行距离过长。

c. 飞机发生纵摇后,速度衰减过慢,导致飞机滑行距离过长。

d. 飞机发生轻微纵摇后,如果选择继续起飞,根据发动机拉力特性飞机可能再次加速缓慢,导致飞机滑行距离过长。

e. 飞机水密性受到破坏,导致飞机重量增加或重心超限,进而导致滑行距离过长。

(3) 飞机倾覆/沉入水中。

a. 断阶滑行过程中,操纵引起滚转角过大导致飞机翼尖浮筒触水,进而导致飞机倾覆水中。

b. 断阶滑行过程中,侧风引起滚转角过大导致飞机翼尖浮筒触水,进而导致飞机倾覆水中。

c. 飞机受到突然的涌浪影响导致飞机失去稳定性而倾覆水中。

d. 飞机发生严重纵摇,导致飞机倾覆/沉入水中。

e. 飞机水密性受到破坏导致飞机重量增加或重心超限,进而导致飞机沉入水中。

(4) 机体结构受损。

a. 飞机撞击到水面漂浮物,导致机体结构受损。

b. 飞机撞击到暗礁,导致机体结构受损。

c. 飞机发生严重纵摇,导致飞机结构受损。

d. 飞机带着侧滑断阶滑行,导致单侧翼尖浮筒触水,进而造成翼尖浮筒受到损坏。

3) 降险措施

(1) 飞机航向失去控制。

a. 试验选择在开阔水域进行。

b. 监控飞机加速—停止距离试验过程。

c. 飞机断阶滑行过程中,注意横向操纵,谨防翼尖浮筒触水。

d. 试验前对飞机水舵进行检查,保证水舵工作正常。

e. 试飞前对飞机浮筒进行水密性检查,保证飞机浮筒水密性良好。

(2) 飞机滑行距离过长。

a. 试验能见度大于 3 000 m。

b. 试飞员熟悉水面起飞和加速—停止(中断起飞)操纵流程。

c. 纵摇边界科目进行前,完成水面正常起飞、着水、加速停止距离等常规试验科目,确保飞机加速性能良好。

d. 先进行大重量试验,随后进行中等重量加速—停止试验,最后进行小重量试验。

e. 每一架次结束试验后,试飞工程师对飞机是否发生纵摇进行评估。

f. 试验前,地勤人员按要求对飞机机身水密性进行检查,保证机身水密性良好。

g. 试验时机上人员尽可能少。

h. 试验机加装综合显示器,为试飞员显示关键参数。

(3) 飞机倾覆/沉入水中。

a. 试验风速不大于 3 m/s。

b. 飞机断阶滑行过程中,注意横向操纵,谨防翼尖浮筒触水。

c. 记录飞机试飞前的风速和风向,不在侧风中滑行试验。

d. 试验前对试验水域的水文情况进行分析,确保试验水域无暗涌和突发大浪。

e. 控制试验水域浪高不超过 0.2 m。

f. 如果飞机发生严重纵摇,且飞机未离开水面,则立即将驾驶盘操纵至后止动位,并立即收油门到慢车,直到纵摇消失。

g. 如果飞机发生严重纵摇,且飞机离开水面,飞机速度小于正常起飞离水速度,则利用发动机拉力控制飞机触水时的下沉率。

h. 如果飞机发生严重纵摇,且飞机已经离开水面,飞机速度大于正常起飞离水速度,则可以操纵飞机继续起飞。

i. 试验前,地勤人员按要求对飞机机身水密性进行检查,保证机身水密性良好。

（4）机体结构受损。

a. 试验前对试验水域漂浮物、船只、游泳者、暗礁进行检查和清理,确保试验水域满足试验条件。

b. 试验前对试验水域进行水深评估,保证试验水域的水深大于 3 m。

c. 飞机一旦发生严重纵摇,参考（3）项中 f~h 操纵飞机。

d. 飞机发生严重纵摇的架次结束试验后,工程师对飞机的主要结构部件进行检查,确保飞机结构未受损。

e. 试飞员熟悉加速—停止操纵流程,保证飞机滑行航向与机体纵向一致,谨防带着侧滑滑行。

f. 在试验水域设定安全救援船只,保证突发情况出现时能够及时救援。

4）应急预案

（1）试验过程中,一旦发现航向失去控制,则利用方向舵和差动拉力控制飞机航向。

（2）试验过程中,一旦发生单侧浮筒触水,则利用横向操纵将机翼恢复到水平状态,并收油门到底,利用中断起飞操纵程序操纵飞机停止。

（3）试验中,如果发现飞机增速缓慢,则立即采取终止加速—停止操纵,使飞机停止。

（4）如果飞机进入严重纵摇,且飞机未离开水面,则立即将驾驶盘操纵至后止动位,并立即收油门到慢车,直到纵摇消失。

（5）如果飞机发生严重纵摇,且飞机离开水面,飞机速度小于正常起飞离水速度,则利用发动机拉力控制飞机触水时的下沉率。

（6）如果飞机发生严重纵摇,且飞机已经离开水面,飞机速度大于正常起飞离水速度,则可以操纵飞机继续起飞。

（7）如果发现飞机结构受损,则立即采取中断起飞操纵,操纵飞机立即停止。

（8）如果发现飞机有沉入水中的趋势或飞机已经沉入水中,则采取水面应急离机程序应急离机。

8　水上飞机特定专题的适航验证考虑

本章针对水上飞机喷溅特性、投水灭火、空投救援等特定科目的适航验证，基于相应适航指导材料和经验总结，给出适航审定中的关注要素和符合性验证考虑。同时，本章也对水上飞机在水面波浪条件下运行、浮筒和水密舱进水/破损等特定运行场景进行了探讨，给出了在符合性验证中需考虑的要素。

8.1　水面操稳与喷溅特性

8.1.1　说明

(1) 针对 CCAR - 25.239 的要求，应在最不利的重量和重心组合情况下研究水面喷溅特性。

(2) 喷溅特性应保证有足够开阔的飞行员视界，特别是在开始起飞滑跑期间的视界，以便能保持合理的水上航线。因为不是所有的水上飞机都在开阔的湖面或海湾内运行，有可能在江河或狭窄水道中运行，所以航向操纵和视界应足以使飞机保持在狭窄水道范围内。

(3) 应在侧风试验中评定翼梢浮筒或辅助浮筒浸没和/或引起水面打转的趋势。在进行分段滑行评定时，也应评定浮筒浸没和引起水面打转或损坏的所有趋势。为避免不希望有的特性而使用的程序应包含在飞机飞行手册中。

(4) 在低速滑行过程中，应根据服役中预期的机动形式评定水舵和/或不对称推力的有效性。如果使用反推力，也应根据完成动作和机组协调的难易性对之进行评定。

(5) 如果水上飞机预定要"被拖上岸"或滑上坡道，那么应评定在坡道上的机动操纵特性和能力。通常，前重心较为临界。这些程序应包含在飞机飞行手册中。不应有过分损害飞机头部或其他结构的趋势。

（6）应评定在起飞滑跑期间的任一时刻临界发动机的失效。不应有危险的海豚运动、突然转弯或水面打转。

（7）不应有过分的海豚运动趋势，不应要求特殊的技巧或机敏来控制飞机海豚运动。

（8）应评定机体结构（操纵面等）上的喷溅冲击载荷，以保证所产生的载荷在可接受的范围内。

（9）应通过飞机水上试验而不是分析或模型试验完成上述评定。分析和/或模型试验可用于指出问题所在，但不应代替实机试验。

8.1.2　符合性验证考虑

（1）喷溅主要受飞机重量、滑行速度和水面条件的影响，在进行水上飞机喷溅特性符合性验证时，重点关注飞机从静止加速到过阻力峰速度过程中的喷溅特性，验证条件选择从静水到制定的最大起降浪高水面，验证重量选择最大起降重量。

（2）水上飞机喷溅特性的符合性验证应在飞机整个批准的载荷包线内，在可预期的所有水面条件下进行滑行、起飞和着水操作，验证喷溅对飞机的符合性。

8.2　投水灭火

8.2.1　说明

对于具有灭火功能的水上飞机，现有适航规章未对投水灭火提出专门要求，需要制订相应的专用条件（见F-3）。由于火场周边的气流及地形环境的特性，飞机可能需要进行非常规的机动，同时可能存在规章未覆盖的突风载荷，因此需要对投水灭火的任务场景进行明确，充分考虑各种实际灭火运行中可能出现的情况，对投水速度、投汲水系统的使用限制速度、全机及投汲水系统的载荷限制和程序进行评估，以确保飞行安全。

8.2.2　符合性验证的考虑

1）对投水灭火特性的符合性验证需考虑以下几个方面：投水操稳特性（正常、非正常）

在以下情况，需演示满意的操纵性和机动性：

（1）在所有灭火构型下的正常负载释放。

（2）在全负载情况下的加速停止。

（3）部分负载条件下的加速停止（如果需要批准装满部分水箱起飞）。

（4）起飞爬升时在V_2的单发应急投水。

（5）在灭火构型下，在失速告警时的应急投水。

（6）在灭火构型下，在45°坡度角时的应急投水。

（7）巡航时的非正常投水。

（8）在满负载时推杆到$0g$。

（9）在满负载时拉起或者上升转弯到$2g$。

（10）在水箱门打开时（故障情况）的飞行和着陆。

2）速度限制

最大灭火速度应不低于$1.4V_{SR}$或者$V_{MCA}+20$ kn（取大者），以为执行灭火任务提供足够的机动速度包线。

在飞机飞行手册中应该提供推荐的最小速度，应取$1.18V_{SR}$或者V_{MCA}两者中的大者，以应对突风、湍流，以及保证相对失速有足够的机动裕度。

应针对非正常程序提供以下速度：

（1）最大负载投放速度。

（2）在航路飞行时非正常负载投放的最大投放速度。

（3）针对一个或多个水箱门打开时的最大使用速度。

3）机动载荷限制

飞机本体（含灭火投放系统）相应的安装必须设计为能够承受以下对称机动载荷限制。必须考虑与相应拉起和稳定转弯机动相适合的俯仰速度：

（1）直到设计俯冲速度时，正载荷系数均不得小于$3.0g$。

（2）如果襟翼或者其他高升力装置需要在除了起飞、进近和着陆以外的其他飞行条件下使用，则对于选定的襟翼或高升力装置使用的设计速度必须验证到$3.25g$的机动载荷。

替代的机动或突风条件如下：替代以上要求的机动载荷系数，申请人可以采用表明是合适的替代的机动和突风包线，该包线需要与使用限制一起保证飞机的安全使用。

任何此类建议的机动包线需要保守地包含在投水任务中可能发生的特定机动。同样地，突风包线需要考虑飞机对于在完全发展的火场附近可能遇到的最大强度湍流。

如果申请人不采用该过载限制，则应参考该咨询通告的内容说明飞机预期的火场环境条件（应考虑地形、飞行航迹、阵风和应急投放的影响），明确在灭火机动过程中可能出现的临界机动动作和对应的载荷。

4）重量、重心的要求

需要按照以下条件来确定重量或重心：

（1）最大灭火重量。

（2）最大灭火装载水箱载荷。

（3）最大灭火装载水箱容量。

5）手册使用程序

除非有证据表明不适用，否则应考虑制订以下情景下的适用程序：

（1）水箱门不能打开。

（2）水箱门不能关闭。

（3）水箱门打开时的飞行和着陆。

（4）正常和应急负载投放。

（5）相关系统（如液压低压）失效。

（6）不能从辅助水箱中传输灭火剂或添加剂。

6）投水灭火的演示过程（以正常投水为例）

（1）飞行状态。

a. 起落架在收起位置。

b. 襟翼在灭火构型位置。

c. 重量改变和重心改变的最不利组合。

d. 投水时设定的功率。

e. 所选定的飞行高度。

f. 在投水速度限制内所选定的速度。

g. 可以合理预期的火场使用环境。

（2）投水的程序和高度限制。

如果火场处风速较明显，风向较恒定，或火点烟雾少且火场上空温度与正常温度差别不大，可确保飞机在不吸入烟尘的前提下保持低空稳定飞行，则可选择较低飞行高度（距树梢 30～50 m），在火场上空一定距离投水（此距离根据飞行参数、风速等确定）；如果火场上空烟雾较大或温度较高，且风速较低或风向不稳定，无法保证飞机低空飞行安全，则适当增加飞行高度至 80～100 m，乃至更高。

（3）可接受的判定准则。

在飞机的投水包线内，飞行员只需采用正常的操纵技能，飞机就可以安全地完成投水任务，具体要求如下：

a. 操纵效能充足,各操纵面偏角在偏转范围之内。

b. 飞行员操纵力不超出 CCAR - 25.143(d)中规定的范围,飞行员的操纵负担在合理范围内。

c. 飞机没有不可接受的响应,如气动角和姿态角无过大值出现,飞行速度大于失速告警速度,过载值在使用限制内,飞机可以恢复到正常飞行状态。

8.3 空投救援

8.3.1 说明

空投是水上飞机为完成水上救援特定任务而采取的救援模式之一。当海况恶劣,飞机不允许着水时,利用空投救援设备向海上遇险人员投放救援物品包,延长遇险人员的生存待救时间。

由于飞机空投救援的用途是非常规的,适航规章没有完全涵盖相应的安全要求,因此为确保飞机执行空投任务的飞行安全,需制定空投救援的操纵特性专用条件。

当需要投放的救生物品较多时,应采取分批空投的方法。空投后,在目标上空盘旋飞行,观察空投效果。具体的空投操作程序如下:飞机在选定的空投飞行高度和速度下做直线平飞。空投时,空投救援人员将空投人员防护装置穿戴完毕。由飞机飞行员根据现场实际情况确定空投高度、速度和空投时机,并通过灯光信号提示舱内空投救援人员,当空投救援人员接到"准备"指示灯提示或语音提示后,应将救援物品包从固定位置搬到空投舱门口,将救援物品包中投物伞的开伞拉绳一端接头挂在强制开伞钢索上,打开投放舱门待命,当接到"投放"指示灯提示或语音提示后,救援人员利用滑板将救援物品包推出/滑出舱外,救援物品包靠自重坠落,待开伞拉绳拉直,打开投物伞并相继打开救生筏充气装置后,救援物品包和开始充气的救生筏吊挂在投物伞下,减速下降至水面。

在进行空投试验时,在确保低空稳定飞行的前提下,按选定的飞行高度进行空投演示;当无法保证飞机低空飞行安全时,可适当增加飞行高度。

8.3.2 符合性验证考虑

1) 关注要素

针对空投救援相关适航要求(F-4)符合性验证时,重点考虑:

(1) 飞机的重量重心范围、飞机的构型(襟缝翼等)、发动机状态;

(2) 空投救援的操作程序,如选定的速度和高度范围;

（3）飞行员执行空投任务时的驾驶技巧要求；

（4）空投时飞机的操纵效能，空投后飞机的响应；

（5）空投物品出舱后的轨迹等。

2）空投救援的演示过程

（1）状态

a. 小重量。

b. 临界重心位置。

c. 起落架收起。

d. 襟翼在空投救援构型位置。

e. 选定的空投飞行高度和速度。

f. 飞机按规定状态所需功率做直线平飞配平。

（2）试验程序

飞机在给定形态所规定的飞行速度上做直线平飞配平。然后，空投人员打开机身左后部舱门中的空投门，利用滑板将救援物品包推出/滑出舱外，救援物品包靠自重坠落。

（3）判定准则

整个空投机动过程中，飞行员只需采用正常的操纵技能，飞机就可以安全地完成空投任务，具体要求如下：

a. 操纵效能足够。

b. 飞行员操纵力不超出 CCAR - 25.143(d)中规定的范围。

c. 飞机不会出现不可接受的姿态响应。

d. 空投物品不得造成动力装置和机体结构的损伤。

8.4　波浪对起降性能的影响

8.4.1　说明

水上飞机在水面起降时，必须考虑波浪的影响。在适航审定时，需要考虑起飞和着水时，在不同波浪状态（包括波长、频率、波高等）进行演示，评估对性能操稳特性的影响。

8.4.2　符合性验证考虑

（1）飞机在波浪中运动时，根据波浪频率、波长的不同，在一定情况下飞机的运动响应、载荷会出现共振区。如以某水陆两用飞机为例，试验表明飞机的遭遇频率在 1.0～1.5 Hz、3.0～4.0 Hz 范围内时,飞机易出现较大的运动响应和滑水载荷;从波长来看,此共振区对应的波长在飞机船体长度 1～3 倍范围内。

(2) 波高对飞机的运动、载荷响应影响很大,波高越大,飞机的运动越剧烈,但其运动响应与波高呈非线性关系;在对飞机的抗浪指标进行验证时,要考虑可能出现的不同波长(频率的波浪条件)为验证环境,以充分保证所验证的抗浪指标的包容性。

(3) 不规则波浪的形态分布对飞机运动响应影响很大,验证飞机在不规则波浪水面的起降能力时,须进行一定次数的起降试验。

(4) 在波浪水面起降时,应优先选择迎风起降,以降低飞机的绝对速度。在波浪水面起飞时,应根据波浪水面条件制订起飞策略,选择合适时机,并及时修正飞机的运动状态。

(5) 水上飞机的抗浪能力建议选择在陡峭短浪(不规则)、断浪和涌浪等三种波浪情况下验证,这三种波浪条件在内湖、水库和海面多为常见。卷浪和汹涌型碎波两种条件的波浪传播速度快、水面有强风等不利因素会影响飞行员对飞机的控制,不利于起降,考虑将其作为起降限制。

(6) 试验环境难以真实模拟实际海洋波浪,缩比模型试验方法(MC4)可用于指出飞机在波浪上运动的问题所在,指导实机飞行试验,但不能完全代替实机飞行试验(MC6)。

8.5 浮筒进水和水密舱破损对水上性能操稳影响

8.5.1 说明

根据水上飞机预期的使用环境和使用模式,当飞机在水上运行或停泊时,可能存在浮筒进水和水密舱破损的风险。同时结合其他水上飞机在实际使用过程中的经验,浮筒进水和水密舱破损将对飞机的安全性产生较大影响,因此,需要对浮筒进水和水密舱破损进行分析和试验,保障飞机在水面飞行时的安全。

8.5.2 符合性验证的考虑

鉴于水上飞机的设计特征,浮筒进水和水密舱破损将会对水面飞行造成一定的风险,在进行水上飞机适航审定时需考虑以下要求:

(1) 申请人需要根据飞机的使用模式,通过分析计算和试验的方法确定浮筒进水的最大临界状态,并且需要分析该状态下飞机的性能操稳特性。

（2）申请人需要考虑水密舱可能的失效模式,并研究最临界的失效模式对飞机性能操稳的影响。

（3）建议申请人建立浮筒和水密舱的维修检测程序,以及关注密封胶等相关设备的老化。

9 总结和展望

本书对水上飞机性能操稳特性的适航审定要求及其符合性验证方法进行了全面的分析和总结。本书的核心内容包括三部分：

1）水上飞机适用适航要求，包括：

（1）对现行标准和适航规章中，适用于水上飞机的条款和要求进行了分析和解读。

（2）基于典型水上飞机的设计使用特点，对现行规章不能涵盖的部分提出了特殊适航要求。

2）水上飞机适航符合性验证方法，包括：

（1）对水上飞机的符合性验证的总体规划进行了分析，并给出了规划样例。

（2）对三种主要的适航评估和验证方法进行了详细阐释：计算分析方法、模型试验方法和试飞方法。

（3）给出了水上飞机典型试飞科目的具体试验实施方法和风险评估方法。

3）水上飞机特定问题适航验证考虑

针对水上飞机喷溅特性、投水灭火飞行、投水操纵、波浪对起降影响、浮筒及密封舱进水等特定专题的符合性验证要求进行了探讨，对水上飞机适用适航要求及符合性验证方法进行了总结提炼，给出了进行适航评估和验证中的关注要素和符合性验证考虑。

随着水上飞机研制和适航审定工作的深入，书中提到的适航要求和评估验证方法应基于工程实践经验进一步完善和细化，并需要在以下几个方面开展进一步的研究工作：

（1）部分特殊要求符合性验证中的难点问题，包括投水灭火评估中的火场模型、波浪影响的分析方法和试飞验证方法、水面空速校准的试飞验证方法等。

（2）水上飞机典型试飞科目临界试验条件的分析确定方法，包括部分符合性的量化判据。确定水面最大操纵速度 V_{MAXW} 和水上起飞最大决断速度 V_{1WMAX} 是进行适航符合性表明的难点,本书中只给出了定性描述,需进一步明确这两个速度的标准或指标。

（3）水面试飞的测试改装方法及数据采集处理方法。

参 考 文 献

［1］中国民用航空局适航审定司.运输类飞机适航标准(CCAR-25-R4)［S］.2016.

［2］中国民用航空局适航审定司.正常类、实用类、特技类和通勤类飞机适航规定(CCAR-23-R3)［S］.2004.

［3］中国民用航空局适航审定司.民用航空产品和零部件合格审定规定(CCAR-21-R4)［S］.2017.

［4］中国民用航空局适航审定司.航空器型号合格审定试飞安全计划(AP-21-AA-2014-31R1)［S］.2014.

［5］中国民用航空局机场司.加拿大水上机场建设与运营［EB/OL］.(2016-11-28)［2020-10-15］.http://www.caac.gov.cn/XXGK/XXGK/TZTG/201612/P020161202514052954887.pdf.

［6］交通部救助打捞局.海上救助实用指导手册［M］.北京:人民交通出版社,2007.

［7］ITPS CANADA. Seaplane flight tests and certification course［G］. 2018.

［8］褚林塘.水上飞机水动力设计［M］.北京:航空工业出版社,2014.

［9］中国民用航空局运输司.美国水上飞机运营经验与案例［EB/OL］.(2017-5-22)［2020-10-15］.http://www.caac.gov.cn/XXGK/XXGK/GFXWJ/201706/P020170614528221958493.pdf.

［10］褚林塘,叶树林.水上飞机文集［M］.北京:中航出版传媒有限公司,2011.

［11］赵越让.适航理念与原则［M］.上海:上海交通大学出版社,2013.

［12］EUROPEAN UNION AVIATION SAFETY AGENCY. Beriev Be-200ES-E special conditions (cri extracts)［EB/OL］. (2014-9-14)［2020-10-15］. https://www.easa.europa.eu/sites/default/files/dfu/Annex-EASA-TCDS-A. 114_%28IM%29_Beriev_BE-200ES-E_%28restricted%29.pdf.

［13］FEDERAL AVIATION ADMINISTRATION. AC 150/5395-1B-seaplane bases［EB/OL］. (2018-8-31)［2020-10-15］. https://www.faa.gov/documentLibrary/media/Advisory_Circular/150-5395-1B-Seaplane-Bases.pdf.

［14］FEDERAL AVIATION ADMINISTRATION. Seaplane, skiplane, and float/ski-equipped helicopter operations handbook:FAA-H-8083-23［M］. Newcastle: Aviation Supplies & Academics, 2004.

［15］韩文斌.水上飞机的故事［J］.航空知识,2000(2):20-23.

［16］JACKSON P. IHS Jane's All the World's Aircraft 2013-2014: Development &

Production[M]. 104th 2013 - 2014 ed. London：Jane's Information Group，2013.

[17] 中国大百科全书总编辑委员会中国地理编辑委员会. 中国地理[M]. 北京：中国大百科全书出版社,1993.

[18] TRANSPORT CANADA. Certification of large aeroplanes in the restricted category, used for special purpose operations（AC 525 - 012）[EB/OL]. （2005 - 4 - 11）[2020 - 10 - 15]. https://www2. tc. gc. ca/media/documents/ca-certification/525 - 012. pdf.

[19] NATIONAL INTERAGENCY FIRE CENTER. Procedures and criteria for the interagency airtanker board [EB/OL]. （2013 - 7 - 17）[2020 - 10 - 15]. https://www. nwcg. gov/sites/default/files/committee/docs/iab-procedures-criteria. pdf.

[20] 曲东才. 俄罗斯别- 200 多用途水陆两栖飞机[J]. 航空科学技术,2005(1)：28 - 30.

[21] 韩彤. 2005 年世界空难及飞行事故一览[J]. 中国民用航空,2006(2)：38 - 40.

[22] 彭鹏飞,陶维功. 我国水上飞机的海事管理对策与建议[J]. 中国海事,2010(4)：48 - 51.

[23] 国防科学工业委员会. 有人驾驶飞机(固定翼)飞行品质：GJB185 - 86[S]. 1986.

[24] SMILEY R. A theoretical and experimental investigation of the effects of yaw on pressures, forces, and moments during seaplane landing and planning：NACA - TN - 2817[R]. Washington：National Advisory Committee for Aeronautics，1952.

[25] HAMILTON J A. Methods for reducing seaplane take-off distances to standard conditions：British aeronautical research council technical report no. 17，247 [R]. London：Her Majesty's Stationery Office，1955.

[26] HARTMAN E P. The aerodynamic drag of flying-boat hull models as measured in the NACA 20 - foot wind tunnel：NACA - TN - 525[R]. Washington：National Advisory Committee for Aeronautics，1935.

[27] PARKINSON J B. Take-off performance of light twin-float seaplanes：NACA - TN - 1524[R]. Washington：National Advisory Committee for Aeronautics，1948.

[28] SOKOLOV N A. Hydrodynamic properties of planing surfaces and flying boats：NACA - TM - 1246[R]. Washington：National Advisory Committee for Aeronautics，1950.

[29] KOHLER M. Aerodynamic forces and moments of a seaplane on the water NACA - TM - 728[R]. Washington：National Advisory Committee for Aeronautics，1933.

[30] 拉尔夫·D. 金柏林. 固定翼飞机的飞行试验[M]. 张炜,田福礼,译. 北京：航空工业出版社,2012.

[31] ODERA J，HOPE G，KENNEL C. Use of seaplane and integration within a seabase [G]. 2004.

索　引